全国科学技术机构统计调查报告

2017

中华人民共和国科学技术部

科学技术文献出版社
SCIENTIFIC AND TECHNICAL DOCUMENTATION PRESS
·北京·

图书在版编目（CIP）数据

全国科学技术机构统计调查报告. 2017 / 中华人民共和国科学技术部编. —北京：科学技术文献出版社，2018. 12

ISBN 978-7-5189-5058-4

Ⅰ . ①全… Ⅱ . ①中… Ⅲ . ①科学研究组织机构—调查报告—中国—2017 Ⅳ . ① G322.2

中国版本图书馆 CIP 数据核字（2018）第 288416 号

全国科学技术机构统计调查报告2017

策划编辑：李 蕊　　责任编辑：李 晴　　责任校对：文 浩　　责任出版：张志平

出 版 者	科学技术文献出版社	
地 址	北京市复兴路15号　邮编 100038	
编 务 部	（010）58882938，58882087（传真）	
发 行 部	（010）58882868，58882870（传真）	
邮 购 部	（010）58882873	
官 方 网 址	www.stdp.com.cn	
发 行 者	科学技术文献出版社发行　全国各地新华书店经销	
印 刷 者	北京时尚印佳彩色印刷有限公司	
版 次	2018 年 12 月第 1 版　2018 年 12 月第 1 次印刷	
开 本	889×1194　1/16	
字 数	96千	
印 张	5.5	
书 号	ISBN 978-7-5189-5058-4	
定 价	58.00元	

前　言

　　《全国科学技术机构统计调查报告2017》以文字概述、表格汇总和图形统计的形式，系统描述了科学技术机构的基本情况和变化趋势。统计调查的全部汇总数据以光盘文件的形式提供给用户，便于用户利用统计数据进行更加深入的分析研究工作。

　　本报告根据2016年度全国科学技术机构科技统计年报调查结果编辑而成。该报告概述了我国县及县以上政府部门属国有独立的研究与技术开发机构、社会人文机构、科技信息与文献机构、县属机构所拥有的科技人力、财力资源和科技活动状况，以及为社会和公众提供科技服务的情况。

　　本报告的编辑完成，得到了各级科技统计主管部门的大力支持，凝结了广大科技统计人员的辛勤劳动，在此谨致以衷心感谢。

　　本报告在华中科技大学管理学院科技统计信息中心专家的指导下，由国家科技统计数据中心和中国科学技术发展战略研究院负责撰写、编辑和数据处理。如报告有疏漏或不妥之处，恳请读者指正。

　　本报告所有数据均保留一位小数，部分数据计算可能由于计量单位调整或四舍五入取舍原因而产生计算误差，未做调整，特此说明。

科学技术部

二〇一八年十一月

目　录

综　述

科技体制改革以来，我国县及县以上政府部门属研究与开发机构（以下简称"研究与开发机构"）充分发挥其在创新驱动发展战略中的骨干和引领作用，其资源配置不断优化、研发能力不断提高、为社会和公众服务的意识不断增强。

一、研究与开发机构

研究与开发机构是引领我国科技发展、实现"建设创新型国家"的战略目标、增强国际竞争力的重要力量。

研究与开发机构主要分布在自然科学和技术领域。2016 年，我国 3611 个研究与开发机构中，属于自然科学和技术领域的有 2907 个，属于社会、人文科学领域的有 370 个，属于科技信息与文献领域的有 334 个。这些研究与开发机构中，隶属于中央政府部门的有 734 个，隶属于县以上地方政府部门的有 2877 个。

研究与开发机构的科技经费增速保持不断增长。2016 年研究与开发机构的科技经费支出额共计 3027.1 亿元，比上年增加了 157.5 亿元，按现价计算（以下同）比上年增长了 5.5%。

科技经费八成以上来自于政府资金。我国现有的县以上政府部门属研究与开发机构多数为科研实力比较强的综合科学研究型、公益型的研究与开发机构，政府对研究与开发机构的资金投入持续增长。2016 年研究与开发机构科技经费筹集总额中来源于政府资金的为 2817.8 亿元，比上年增加 129.2 亿元，增长 4.8 %，已占到其科技经费筹集总额的 80.3%。

七成以上的科技资源用于具有创新性的研发活动。2016 年，研究与开发机构科技经费中用于 R&D 活动的经费比例已达到 74.7%，比上年提高了 0.3 个百分点；科技人员用于 R&D 活动的工作量比例已达到 74.4%，比上年提高了 0.2 个百分点。科技活动人员的整体素质进一步提高。2016 年，研究与开发机构共有科技活动人员 60.5 万人，其中具有博士学位的有 7.2 万人，占 11.9%，比上年增加 0.4 万人；具有硕士学位的有 17.2 万人，占 28.4%，比上年增加

0.4 万人。

用于 R&D 活动的人力和财力增速加快。2016 年，研究与开发机构的 R&D 人员为 39.0 万人年（其中研究人员为 27.4 万人年），比上年增加 0.6 万人年，增长 1.6%。当年，研究与开发机构的 R&D 经费为 2260.2 亿元，比上年增加 123.7 亿元，增长 5.8%。

R&D 资源占全国总量的比重有所回落。尽管近年来研究与开发机构的 R&D 人员和 R&D 经费持续增长，但由于全国 R&D 活动的规模不断扩大及企业 R&D 活动增速加快，研究与开发机构 R&D 人员和 R&D 经费占全国总量的比重有所回落。2011 年，研究与开发机构 R&D 人员与 R&D 经费占全国的比例分别为 11.0% 和 15.0%，2016 年下降为 10.1% 和 14.4%，分别下降了 0.9 个百分点和 0.6 个百分点。研究与开发机构主要从事满足国家科技需求的公益性和战略性研究，其 R&D 经费中试验发展经费所占比例为 56.7%。

科学研究（包括基础研究与应用研究）经费逐年递增。随着科技体制改革的不断深化，国家对研究与开发机构的支持力度明显提高。2016 年，在研究与开发机构的 R&D 经费中，基础研究经费为 337.4 亿元，比上年增长了 14.3%；应用研究经费为 642.1 亿元，比上年增长 3.8%。研究与开发机构基础研究和应用研究（统称科学研究）经费占 R&D 经费的比重为 43.3%，比上年增加了 0.6 个百分点。

R&D 经费主要来自承担科研项目获得的政府经费及政府的事业拨款。2016 年，研究与开发机构 R&D 经费中来自政府的资金为 1851.6 亿元，比上年增长了 2.7%。政府支持力度的加强，使研究机构 R&D 经费中政府资金比例一直保持在 80% 以上，2016 年为 81.9%。来源于企业的资金所占比重仅为 4.0%。

研究与开发机构的论文、专利数量大幅增长。2016 年研究与开发机构全年共发表科技论文 17.5 万篇，比上年增加了 0.5 万篇。出版科技著作 5714 种，比上年增加了 52 种。专利申请 52 331 件，比上年增长了 12.4%；其中，发明专利 39 854 件，占 76.2%。截至 2016 年年底，研究与开发机构拥有有效发明专利数为 10.8 万件。

二、社会人文研究机构

2016 年，我国有社会、人文科学领域的研究与开发机构（以下简称"社会人文研究机构"）370 个，从业人员为 2.5 万人，科技活动人员为 2.4 万人。在科技活动人员中，具有大学及大学以上学历的人员占 80.3 %，具有中级及中级以上职称的人员占 72.8%。

2016 年，社会人文研究机构科技经费筹集额为 90.5 亿元，比上年增长 26.0%。其中，来自政府的资金为 80.2 亿元，比上年增加了 16.3 亿元，占到科技经费筹集额的 88.6%。2016 年，社会人文研究机构科技经费支出额为 80.9 亿元，比上年增加了 12.9 亿元，比上年增长 19.0%。

2016 年，社会人文研究机构 R&D 经费为 46.9 亿元，其中 87.8% 来自于政府资金。在 R&D 经费中，基础研究经费占 38.0%、应用研究经费占 50.3%、试验发展经费占 11.7%。

三、科技信息与文献机构

2016 年，我国有科技信息与文献机构 334 个，从业人员为 1.5 万人，科技活动人员为 1.3 万人。在科技活动人员中，具有大学及大学以上学历人员占 82.3%，具有中级及中级以上职称人员占 64.2%。

2016 年，科技信息与文献机构的科技经费筹集额为 54.4 亿元，其中来自政府的资金为 45.5 亿元，占 83.6%；科技经费支出额为 45.4 亿元。

科技信息与文献机构以各种方式为用户提供信息服务。2016 年，资料阅览 2989.4 万人次，外借资料 217.2 万人次，资料复制 6.1 亿页，读者咨询 98.4 万人次，课题检索 5.6 万个，数据库数据加工 2545.2 万条，专题咨询服务 3.7 万次。

2016 年，科技信息与文献机构共发表科技论文 3653 篇，其中在国外学术刊物或国际学术会议上发表 211 篇。出版科技著作 220 种。获得专利授权 101 件。

四、县属研究与开发机构

我国县级政府部门属研究与开发机构（以下简称"县属研究与开发机构"）数量较多，但规模普遍较小。2016 年，我国共有县属研究与开发机构 1021 个，比上年减少 51 个；从业人员为 1.9 万人，其中科技活动人员为 1.3 万人，比上年减少 0.1 万人；科技经费支出为 17.0 亿元。县属研究与开发机构多数服务于农、林、牧、渔业，用于农、林、牧、渔业的科技经费支出为 13.0 亿元，占科技经费总支出的 76.7%；从事农、林、牧、渔业的科技活动人员为 1.0 万人，占到科技活动人员总数的 80.1%。

2016 年，县属研究与开发机构共开展了 1077 个课题研究，其中为农、林、牧、渔业服务的研究课题占到 85.2%，投入这些行业的课题经费和人员分别是 2.9 亿元和 3254 人年，占到全部课题经费与人员的 72.1% 和 80.8%。

第一章　全国县以上政府部门属研究与开发机构

政府部门属研究与开发机构作为国家创新体系的重要组成部分，是践行创新发展新理念、实现"建设创新型国家"战略目标、实施国家重大科技创新部署的重要力量。

第一节　总　况

研究与开发机构年度调查的结果显示，2016 年我国共有县级以上政府部门属研究与开发机构（以下简称"研究与开发机构"）3611 个。其中，属于自然科学和技术领域的有 2907 个，属于社会、人文科学领域的有 370 个，属于科技信息与文献领域的有 334 个。

一、科技活动

（一）科技活动机构数

"九五"末期和"十五"初期，研究与开发机构先后开始进行企业化转制和分类管理改革。随着改革的深化，研究与开发机构的科技资源配置进一步优化，创新能力进一步提高，为经济建设和社会发展服务的能力进一步增强，基本形成了一支能够稳定地服务于国家目标、能为经济和社会发展提供有力支撑的科技队伍。

2016 年，全国研究与开发机构中，隶属于中央政府部门的为 734 个、隶属于地方政府部门的为 2877 个（图 1-1）。

图 1-1　研究与开发机构数按隶属关系分布（2008—2016 年）

按主要服务的国民经济行业来划分，这些研究与开发机构中 1184 个属服务于农、林、牧、渔业的机构，695 个属服务于工业、建筑交通信息类的机构，507 个属服务于综合科学研究类的机构，563 个属服务于专业技术服务类的机构[①]，662 个属服务于社会公益事业类的机构[②]（图 1-2）。

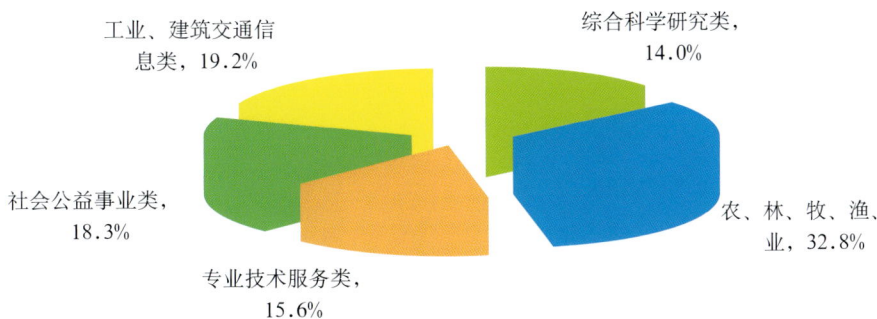

图 1-2　2016 年研究与开发机构数按所服务行业的分布

（二）科技活动规模

科技活动的总体规模逐渐扩大。2016 年，研究与开发机构的科技经费支出额共计 3027.1 亿元，比上年增加 157.5 亿元，增长 5.5%（表 1-1）。2016 年，中央政府部门属研究与开发

---

① 专业技术服务类机构包括服务于气象服务、地震服务、海洋服务、测绘服务、技术检测、环境检测、地质勘查业、工程技术与规划管理、科技交流和推广服务业和其他专业技术的研究机构。

② 社会公益类机构包括服务于水利、环境和公共设施管理业、卫生、社会保障和社会福利业、文化、体育和娱乐业、教育及公共管理和社会组织的研究机构。

机构科技经费支出额为 2426.6 亿元，占全部研究与开发机构科技经费支出额的 80.2%；平均每个机构科技经费支出额为 3.3 亿元，比上年增加了 0.1 亿元。地方政府部门属研究与开发机构科技经费支出额为 600.5 亿元，占全部研究与开发机构科技经费支出额的 19.8%；平均每个机构科技经费支出额为 2087.2 万元，比上年增加了 196.2 万元。

表 1-1　研究与开发机构科技经费支出额的变化趋势（2008—2016 年）

年份	2008 年	2009 年	2010 年	2011 年	2012 年	2013 年	2014 年	2015 年	2016 年
科技经费（亿元）	1239.9	1428.2	1686.5	1848.4	2177.4	2460.3	2609.4	2869.6	3027.1
增长速度（%）	13.2	15.2	18.1	9.6	17.8	13.0	6.1	10.0	5.5

（三）科技经费来源

研究与开发机构主要是根据国家科技发展战略，围绕国民经济和社会发展的重大需求和科学技术前沿问题开展基于公共利益的基础性、公益性和战略性研究，政府资金已经成为研究与开发机构科技经费筹集额的主要来源。

2016 年，研究与开发机构科技经费筹集额为 3507.6 亿元，比上年增加 203.4 亿元，增长 6.2%。其中，政府资金 2817.8 亿元，比上年增加 129.2 亿元，增长 4.8%；政府资金在研究与开发机构科技经费筹集额中所占比重为 80.3%，比上年略有下降（图 1-3）。

图 1-3　研究与开发机构科技经费筹集额来源结构的变化（2008—2016 年）

（四）科技活动人员

科技活动人员 [①] 整体素质进一步提高。2016 年，研究与开发机构共有科技活动人员 60.5

[①] 自 2010 年起，科技活动人员为单位的从业人员、招收的研究生和外聘人员中从事科技活动的人员。

万人。其中，具有博士学位的有 7.2 万人，占科技活动人员总量的 11.9%，比上年增加 0.5 万人；具有硕士学位的有 17.2 万人，占科技活动人员总量的比例为 28.4%，比上年增加 0.9 万人（表 1-2）。

表 1-2　研究与开发机构科技活动人员情况（2016 年）

单位：人

	总计	中央部门属		地方部门属
			中国科学院	
从业人员	768 794	533 652	61 740	235 142
科技活动人员	604 864	420 531	94 623	184 333
#博士	71 604	57 089	25 729	14 515
硕士	171 801	124 396	16 901	47 405
#高级职称	197 640	138 397	33 514	59 243
中级职称	176 857	118 470	22 355	58 387

（五）科技资源配置

研究与开发机构主要从事 R&D 活动、科技成果推广应用和科技服务活动，为国民经济和社会发展提供科研公共产品和服务。

在科技资源的配置上，研究与开发机构科技经费用于 R&D 活动、成果推广与应用和科技服务，2016 年科技经费中用于 R&D 活动的经费比例已达到 74.7%，比 2011 年的 70.7% 上升了 4.0 个百分点；科技人员用于 R&D 活动的工作量比例已达到 74.4%，比 2011 年的 58.6% 上升了 15.8 个百分点。其大部分科技资源已用于具有创新性的研发活动，并呈现出稳步增长的发展态势（表 1-3）。

表 1-3　政府研究机构的 R&D 人员和经费占科技人员和经费比例（2008—2016 年）

单位：%

年份	2008 年	2009 年	2010 年	2011 年	2012 年	2013 年	2014 年	2015 年	2016 年
科技经费中用于 R&D 活动的经费比例	65.4	69.7	70.4	70.7	71.1	72.4	73.8	74.4	74.7
科技人员用于 R&D 活动的工作量比例	53.3	54.6	59.1	58.6	62.9	72.1	72.9	74.2	74.4

从不同隶属关系看：中央部门属研究与开发机构的科技资源绝大部分投入了研发活动，2016 年科技经费中用于 R&D 活动的经费和科技人员用于 R&D 活动的工作量比例分别为81.8% 和 81.9%；地方部门属研究与开发机构用于研发活动的经费和人员明显低于中央部门属机构，2016 年其科技经费中用于 R&D 活动的经费和科技人员用于 R&D 活动的工作量比例分别为 45.6% 和 57.2%。

（六）课题经费投入强度

课题经费投入强度进一步增大。2016 年，研究与开发机构在研课题数为 12.5 万个，比上年减少 100 个；课题经费内部支出为 1767.0 亿元，比上年增加 62.9 亿元；课题投入人员折合全时工作量为 40.0 万人年；人均课题经费为 44.2 万元 / 人年，比上年增加 2.4 万元 / 人年。其中，R&D 课题为 10.1 万个；R&D 课题经费内部支出为 1592.5 亿元；R&D 课题投入人员折合全时工作量为 34.4 万人年；人均 R&D 课题经费为 46.3 万元 / 人年，比上年增加 2.9 万元 / 人年。

（七）课题经费按行业分布

2016 年，研究与开发机构投入综合科学研究的课题经费为 733.4 亿元，占课题经费总量的 41.5%；投入农、林、牧、渔业研究的课题经费为 106.2 亿元，占课题经费总量的 6.0%；投入专业技术服务业，社会公益事业和工业、建筑交通信息业研究的课题经费分别为 130.3 亿元、101.5 亿元和 695.6 亿元（图 1-4）。

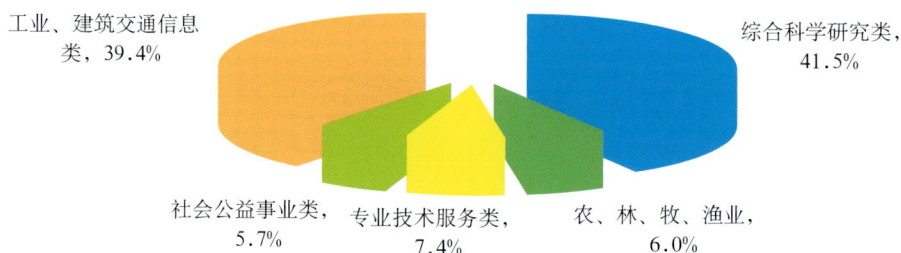

图 1-4　研究与开发机构科技活动课题按行业分布（2016 年）

（八）课题经费按社会经济目标分布

2016 年，研究与开发机构在研课题，主要用于促进农林牧渔业发展、工商业发展和卫生事业发展等社会经济目标的研究，其课题经费占 13.9%。同时也开展社会公共事业和民生方面的研究，例如，环境保护及污染防治的课题经费为 54.4 亿元，能源生产、分配和合理利用的课题经费为 30.3 亿元，促进教育事业发展的课题经费为 3.0 亿元，基础设施及城市和农村规划的课题经费为 13.2 亿元，社会发展和社会服务的课题经费为 50.4 亿元。

（九）课题经费按合作形式分布

课题主要以独立完成为主。2016 年，研究与开发机构课题总经费中，独立完成的课题经费为 1406.7 亿元，占 79.6%；与国内独立研究机构合作的课题经费为 228.6 亿元，占 12.9%；与国内高校合作的课题经费为 34.9 亿元，占 2.0%；与境内注册的其他企业合作的课题经费为 36.7 亿元，与境外机构合作的课题经费为 6.9 亿元（图 1-5）。

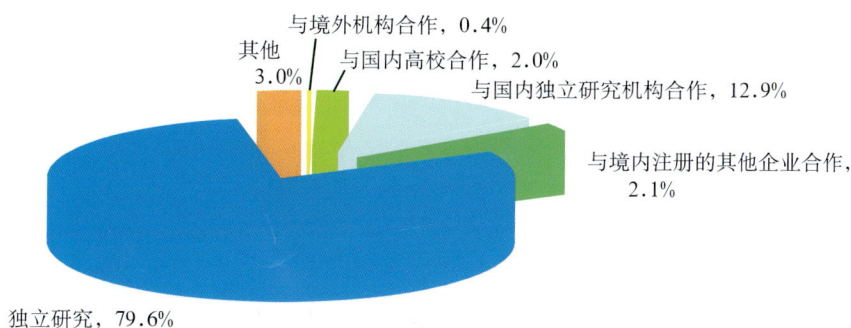

图 1-5　研究与开发机构科技活动课题按合作形式分布（2016 年）

（十）专利与科技论文

2016 年，研究与开发机构全年共发表科技论文 17.5 万篇，比上年增加 0.5 万篇；出版科技著作 5714 种，比上年增加 52 种；专利申请 5.2 万件，比上年增长 12.4%，其中发明专利 4.0 万件，占 76.2%；截至 2016 年年底，研究与开发机构已拥有有效授权发明专利 10.8 万件（图 1-6）。

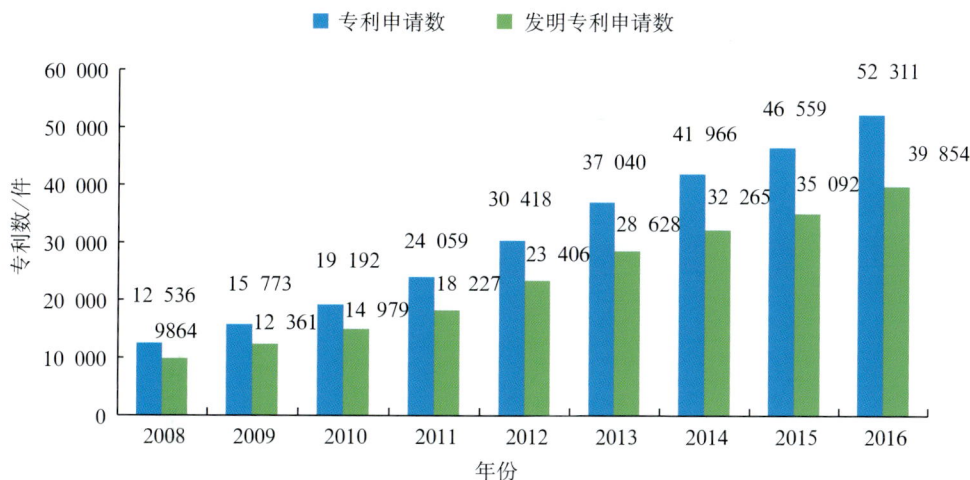

图 1-6　研究与开发机构专利情况（2008—2016 年）

二、R&D 活动

（一）R&D 活动规模

2016 年，研究与开发机构 R&D 经费为 2260.2 亿元，比上年增加 123.7 亿元，增长 5.8%（表 1-4）。

表 1-4　研究与开发机构 R&D 经费的变化趋势（2008—2016 年）

年份	2008 年	2009 年	2010 年	2011 年	2012 年	2013 年	2014 年	2015 年	2016 年
R&D 经费（亿元）	811.3	996.0	1186.4	1306.7	1548.9	1781.4	1926.2	2136.5	2260.2
增长速度（%）	17.9	22.8	19.1	10.1	18.5	15.0	8.1	10.9	5.8

2016 年，研究机构开展 R&D 活动的人员有 45.0 万人，比上年增加 1.4 万人，增长 3.2%。按实际工作时间计算的 R&D 人员折合全时当量为 39.0 万人年，比上年增加 0.6 万人，增长 1.6%。

2016 年，研究与开发机构人均 R&D 经费为 58.0 万元／人年。"十二五"以来，研究与开发机构人均 R&D 经费逐年增长，2016 年比 2011 年增长了 40.1%（表 1-5）。

表 1-5　研究与开发机构 R&D 资源纵览（2008—2016 年）

年份	R&D 人员（万人年）	人均 R&D 经费（万元／人年）
2008 年	26.0	31.2
2009 年	27.7	36.0
2010 年	29.3	40.5
2011 年	31.6	41.4
2012 年	34.4	45.0
2013 年	36.4	48.9
2014 年	37.4	51.5
2015 年	38.4	55.6
2016 年	39.0	58.0

随着科技体制改革的逐步深化，研究与开发机构更加注重为国家目标服务，更加注重提供更多更好的公共产品。

在 R&D 资源方面，虽然研究与开发机构 R&D 活动的规模不断扩大，但 R&D 人员和 R&D 经费占全国总量的比重却不断下降。2011 年，研究机构 R&D 人员与 R&D 经费占全国的比例分别为 11.0% 和 15.0%，2016 年下降为 10.1% 和 14.4%，分别下降了 0.9 个百分点和 0.6 个百分点（表 1-6）；在 R&D 人员方面，研究与开发机构略高于高校；在 R&D 经费方面，研究与开发机构是高等学校的 2 倍有余。

表 1-6　研究与开发机构 R&D 资源在全国 R&D 资源中所占份额（2008—2016 年）

单位：%

年份	R&D 人员	R&D 经费	科学研究经费	基础研究经费
2008 年	13.2	17.6	45.7	42.0
2009 年	12.1	17.2	46.6	41.8
2010 年	11.5	16.8	42.5	40.0
2011 年	11.0	15.0	40.1	38.9
2012 年	10.6	15.0	40.2	39.7
2013 年	10.3	15.0	41.0	39.9
2014 年	10.1	14.8	40.3	42.2
2015 年	10.2	15.1	40.7	41.2
2016 年	10.1	14.4	40.3	41.0

（二）R&D 经费按来源分布

研究与开发机构的 R&D 经费主要来自承担政府科研项目获得的政府经费及政府的事业拨款。2016 年，研究与开发机构 R&D 经费中来自政府的资金为 1851.6 亿元，比上年增长 2.7%；占 R&D 经费的比例为 81.9%，比上年下降 2.5 个百分点。2016 年，来源于企业的资金所占比重为 4.0%，相比上年略有上升（表 1-7）。

表 1-7　研究与开发机构 R&D 经费按来源分布（2008—2016 年）

年份	合计		政府资金		企业资金		国外资金		其他资金	
	亿元	%	亿元	%	亿元	%	亿元	%	亿元	%
2008 年	811.3	100.0	699.8	86.3	28.2	3.5	4.0	0.5	79.3	9.8
2009 年	996.0	100.0	849.5	85.3	29.8	3.0	4.2	0.4	112.4	11.3
2010 年	1186.4	100.0	1036.5	87.4	34.2	2.9	3.4	0.3	112.2	9.5

续表

年份	合 计		政府资金		企业资金		国外资金		其他资金	
	亿元	%	亿元	%	亿元	%	亿元	%	亿元	%
2011 年	1306.7	100.0	1106.1	84.6	39.9	3.1	4.9	0.4	155.8	11.9
2012 年	1548.9	100.0	1292.7	83.5	47.4	3.1	5.1	0.3	203.8	13.1
2013 年	1781.4	100.0	1481.2	83.1	60.9	3.4	5.7	0.3	233.5	13.1
2014 年	1926.2	100.0	1581.0	82.1	62.1	3.2	9.1	0.5	273.9	14.2
2015 年	2136.5	100.0	1802.7	84.4	65.4	3.1	5.0	0.2	263.4	12.3
2016 年	2260.2	100.0	1851.6	81.9	90.4	4.0	3.9	0.2	314.2	13.9

（三）R&D 经费按活动类型分布

2016 年，研究与开发机构 R&D 经费中，基础研究经费为 337.4 亿元，占 14.9%；应用研究经费为 642.1 亿元，占 28.4%；试验发展经费为 1280.7 亿元，占 56.7%。"十二五"以来，国家加强了对研究与开发机构基础研究的投入力度，基础研究经费占 R&D 经费比重逐年提高（图 1-7）。

图 1-7　研究与开发机构 R&D 经费按活动类型分布（2008—2016 年）

从隶属关系看：2016 年，中央政府部门属研究与开发机构的 R&D 人员中从事科学研究（基础研究和应用研究之和，下同）的人员占 55.9%，其 R&D 经费中用于科学研究的经费占 43.1%；地方政府部门属研究与开发机构的 R&D 人员与 R&D 经费中，试验发展所占的比重分别为 52.3% 和 54.7%（表 1-8）。

表1-8 研究与开发机构 R&D 人员与 R&D 经费按活动类型分布（2016 年）

	中央政府部门属		地方政府部门属	
	数量	%	数量	%
R&D 人员（万人年）	30.4	100	8.6	100
基础研究	6.9	22.7	1.5	17.4
应用研究	10.1	33.2	2.7	31.4
试验发展	13.4	44.1	4.5	52.3
R&D 经费（亿元）	1986.1	100	274.0	100
基础研究	294.1	14.8	43.3	15.8
应用研究	561.3	28.3	80.8	29.5
试验发展	1130.8	56.9	149.9	54.7

（四）R&D 课题经费按行业分布

按研究与开发机构主要服务的国民经济行业划分，综合科学研究类研究与开发机构的 R&D 经费为 447.2 亿元，占其 R&D 经费总量的 19.8%；服务于农、林、牧、渔业的研究与开发机构的 R&D 经费为 158.1 亿元，占其 R&D 经费总量的 7.0%；专业技术服务类研究与开发机构的 R&D 经费为 109.8 亿元，占其 R&D 经费总量的 4.9%；社会公益类研究与开发机构的 R&D 经费为 118.3 亿元，占其 R&D 经费总量的 5.2%；工业、建筑与交通信息类研究与开发机构的 R&D 经费为 1426.7 亿元，占其 R&D 经费总量的 63.1%（图 1-8）。

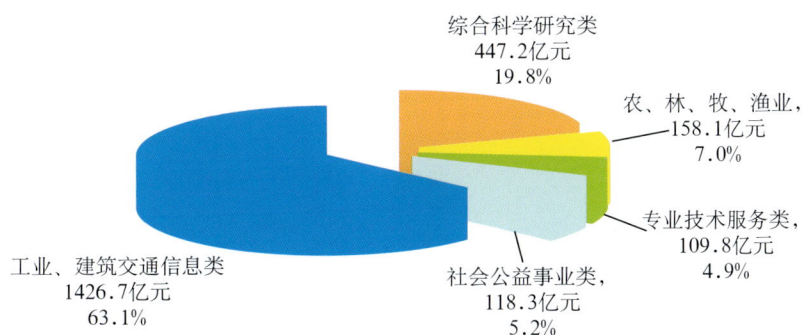

图 1-8 研究与开发机构 R&D 经费按机构主要服务的行业分布（2016 年）

（五）R&D 经费按学科分布

在自然科学、工程与技术科学、农学、医学及人文与社会科学五大学科领域中，研究与开发机构的 R&D 活动主要集中在前 2 个领域。2016 年，研究与开发机构 R&D 课题经费为 1592.5 亿元，其中自然科学领域及工程与技术科学领域的 R&D 经费分别占 12.6% 和 77.6%，农学领域占 5.0%，医学领域占 3.4%，人文与社会科学领域占 1.5%。

按学科分类，在 67 个一级学科中，有 19 个学科的课题经费在 10 亿元以上。R&D 课题经费排在前 10 位的学科及其课题经费占全部学科 R&D 课题经费的比例依次是：航空、航天科学技术 36.2%，电子与通信技术 17.7%，核科学技术 6.4%，工程与技术科学基础学科 5.6%，地球科学 4.1%，农学 3.5%，生物学 2.7%，物理学 2.6%，计算机科学技术 1.8%，材料科学 1.6%。这 10 个学科的 R&D 课题经费累计占到全部学科 R&D 课题经费的 82.2%，其构成反映了研究机构 R&D 活动主要集中在基础研究、前沿技术研究和社会公益性研究领域的特征（表 1-9）。

表 1-9 研究与开发机构 R&D 课题经费排在前 10 位的学科分布（2016 年）

序号	学 科	R&D 课题人员（人年）	R&D 课题经费（万元）	R&D 课题经费 / 全部学科 R&D 课题经费（%）
1	航空、航天科学技术	78 356	5 769 714	36.2%
2	电子与通信技术	53 363	2 812 483	17.7%
3	核科学技术	14 008	1 015 231	6.4%
4	工程与技术科学基础学科	20 703	884 708	5.6%
5	地球科学	16 028	655 172	4.1%
6	农学	27 508	555 746	3.5%
7	生物学	13 547	425 987	2.7%
8	物理学	7129	415 654	2.6%
9	计算机科学技术	6749	291 838	1.8%
10	材料科学	9622	258 783	1.6%

第二节 中央政府部门属研究与开发机构

2016 年，我国县以上中央政府部门属研究与开发机构（以下简称"中央政府属研究与开发机构"）有 734 个。其中，属于自然科学和技术领域的研究与开发机构有 624 个，属于社会、人文科学领域的研究与开发机构有 90 个，属于科技信息与文献领域的研究与开发机构有 20 个。

一、科技活动

（一）科技经费支出额

2016 年中央政府部门属研究与开发机构的科技经费支出额为 2426.6 亿元，比上年增长 4.8%（按现价计算，下同），占全部研究与开发机构科技经费支出额的 80.2%。科技经费支出额中科研业务费所占的比重最高，达到 62.0%，其次是劳务费和仪器设备费，两者分别占 18.6% 和 11.7%（表 1-10）。

表 1-10　中央政府部门属研究与开发机构科技经费支出额的变化趋势（2007—2016 年）

年份	2007 年	2008 年	2009 年	2010 年	2011 年	2012 年	2013 年	2014 年	2015 年	2016 年
科技经费（亿元）	875.5	983.4	1168.4	1368.3	1482.6	1761.6	2008.5	2111.7	2314.7	2426.6
增长速度（%）	19.2	12.3	18.8	17.1	8.4	18.8	14.0	5.1	9.6	4.8

（二）科技活动人员

2016 年，中央政府部门属研究与开发机构从事科技活动的人员为 42.1 万人，比上年增加 1.5 万人，占全部研究与开发机构科技活动人员总数的 69.6%（图 1-9）。

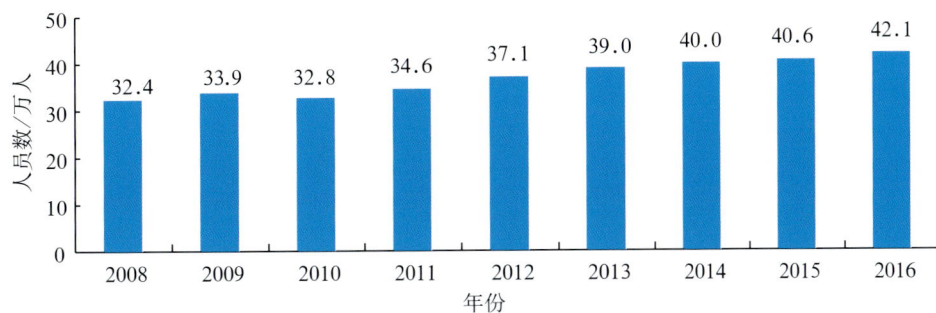

图 1-9　中央政府部门属研究与开发机构科技活动人员情况（2008—2016 年）

（三）科技活动课题的经费来源

中央政府部门属研究与开发机构的研究任务主要来自中央政府部门下达的课题。2016 年，中央政府部门属研究与开发机构课题总经费中，来自中央政府部门下达课题的经费为 1238.5 亿元，占比为 63.3%；来自地方政府部门下达课题的经费为 51.3 亿元，占比为 6.8%；企业委托的课题经费为 64.7 亿元，占比为 4.1%（图 1-10）。

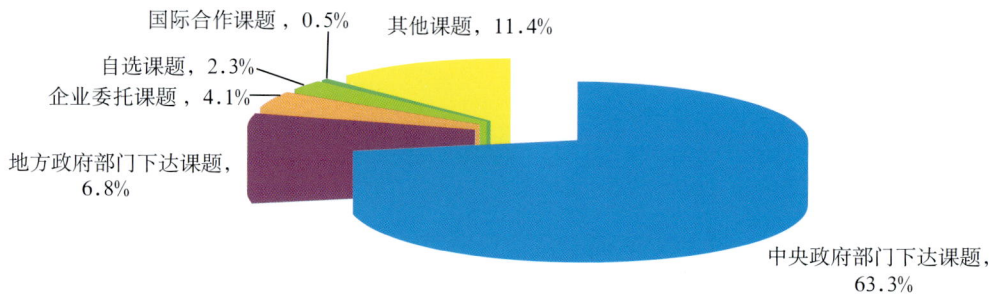

国际合作课题，0.5%　　其他课题，11.4%
自选课题，2.3%
企业委托课题，4.1%
地方政府部门下达课题，
6.8%
中央政府部门下达课题，
63.3%

图 1-10　中央政府部门属研究与开发机构科技活动课题经费按来源分（2016 年）

二、R&D 活动

（一）R&D 活动的规模

研究与开发机构的 R&D 活动主要集中在中央政府部门所属的研究与开发机构中。2016 年，中央政府部门属研究与开发机构 R&D 经费支出为 1986.1 亿元，占全部研究与开发机构 R&D 经费支出的 87.9%。2008 年以来，中央政府部门属研究与开发机构的 R&D 经费一直保持稳步增长的态势（图 1-11）。

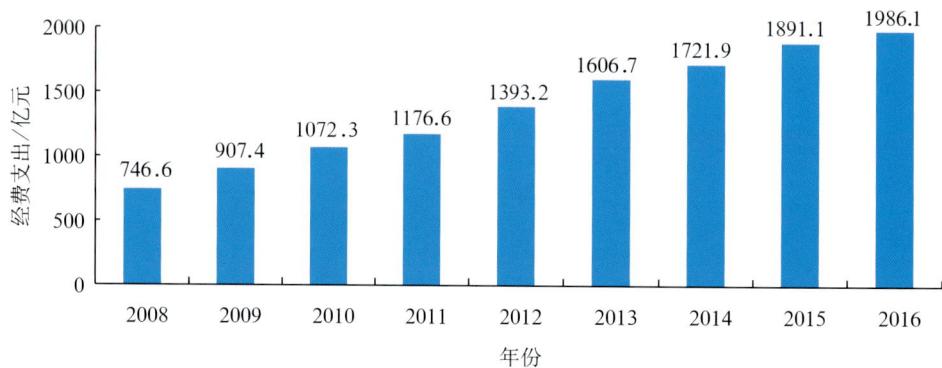

图 1-11　中央政府部门属研究与开发机构 R&D 经费支出情况（2008—2016 年）

2016 年，中央政府部门属研究与开发机构 R&D 人员为 30.4 万人年，比上年增加了 0.6 万人年，人均 R&D 经费为 65.3 万元 / 人年，比上年略有增长（图 1-12）。

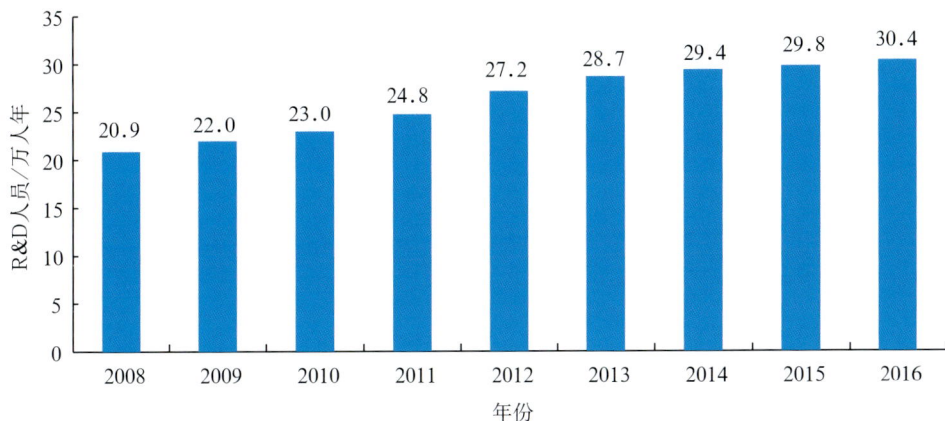

图 1-12　中央政府部门属研究与开发机构 R&D 人员情况（2008—2016 年）

（二）R&D 经费按活动类型分布

按活动类型分，2008—2016 年中央政府部门属研究与开发机构的各类 R&D 活动经费均稳步增长，特别是应用研究与试验发展经费。2016 年，中央政府部门属研究与开发机构的基础研究经费为 294.1 亿元，占其 R&D 经费总量的 14.8%；应用研究经费为 561.3 亿元，占其 R&D 经费总量的 28.3%；试验发展经费为 1130.8 亿元，占其 R&D 经费总量的 56.9%。中央政府部门属研究与开发机构的 R&D 经费中有五成多的经费用于试验发展（图 1-13）。

图 1-13　中央政府部门属研究与开发机构 R&D 经费支出的活动类型情况（2008—2016 年）

（三）R&D 经费按来源分布

政府资金一直是中央政府部门属研究与开发机构 R&D 经费的主要来源，且近年来来自政府的资金所占比重越来越大。2016 年，中央政府部门属研究与开发机构的 R&D 经费中，政府资金为 1638.5 亿元，比上年增加了 29.3 亿元，占比为 82.4%；企业资金为 82.9 亿元，占比为 4.2%；来自于国外的资金为 3.4 亿元，占比为 0.2%；其他的资金为 261.3 亿元，占比为 13.2%（图 1-14）。

图 1-14　中央政府部门属研究与开发机构 R&D 经费的来源情况（2008—2016 年）

第三节　地方政府部门属研究与开发机构

2016 年，我国县以上地方政府部门属研究与开发机构（以下简称"地方政府部门属研究与开发机构"）共 2877 个，占全部研究与开发机构的 79.7%。其中，属于自然科学和技术领域的机构有 2283 个，属于社会、人文科学领域的机构有 280 个，属于科技信息与文献领域的机构有 314 个。

一、科技活动

（一）科技经费支出额

2016 年，地方政府部门属研究与开发机构的科技经费支出额为 600.5 亿元，较上年增加了 45.5 亿元，增长 8.2%（按现价计算，下同），增长幅度较明显（表 1-11）。

表 1-11　地方政府部门属研究与开发机构科技经费支出额的变化趋势（2008—2016 年）

年份	2008 年	2009 年	2010 年	2011 年	2012 年	2013 年	2014 年	2015 年	2016 年
科技经费（亿元）	218.6	259.8	318.1	365.8	415.8	451.8	497.7	555.0	600.5
增长速度（%）	−0.41	18.8	22.4	15.0	13.7	8.7	10.2	11.5	8.2

（二）科技活动人员

近年来，地方政府部门属研究与开发机构科技活动人员趋于稳定。2016 年地方政府部门属研究与开发机构从事科技活动的人员为 18.4 万人，比上年增长 0.5%（图 1-15）。

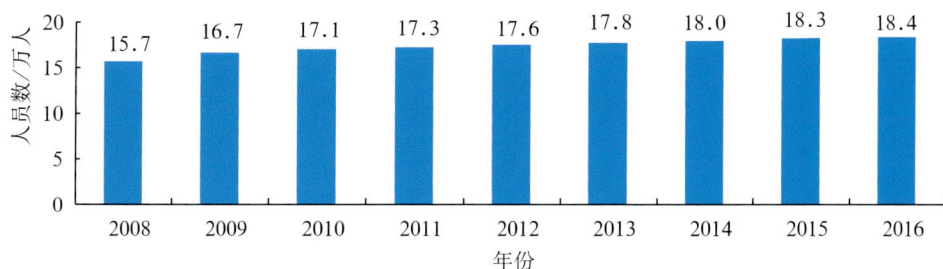

图 1-15　地方政府部门属研究与开发机构科技活动人员情况（2008—2016 年）

（三）科技活动课题的经费来源

地方政府部门属研究与开发机构主要是为实现地方的发展目标服务，并围绕影响地方经济和社会发展的重大课题开展研究。地方政府部门属研究与开发机构的研究任务主要来自政府部门，其中来自地方政府部门的比重最高。2016 年，地方政府部门属研究与开发机构课题总经费中，来自政府下达课题的经费为 156.1 亿元，比上年增加了 12.4 亿元，其中来自中央政府部门的经费为 52.5 亿元，来自地方政府部门的经费为 103.6 亿元；企业委托的课题经费为 5.8 亿元（图 1-16）。

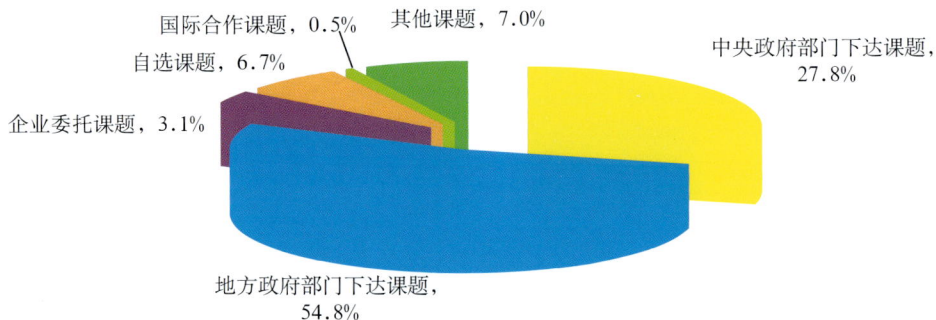

图1-16 地方政府部门属研究与开发机构科技活动课题经费按课题来源分布（2016年）

（四）科技活动课题经费按社会经济目标分布

科技活动课题主要以促进农、林、牧、渔业发展为主。2016年，地方政府部门属研究与开发机构促进农、林、牧、渔业发展的课题经费为82.8亿元，所占比重为43.8%；促进卫生事业发展的课题经费为32.8亿元，所占比重为17.4%；环境保护及污染防治的课题经费为15.6亿元，所占比重为8.3%；促进工商业发展的课题经费为15.0亿元，所占比重为7.9%（图1-17）。

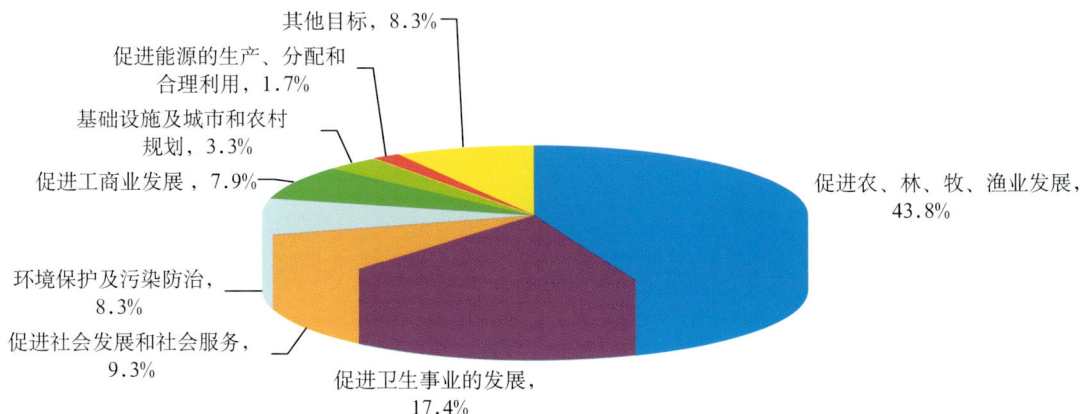

图1-17 地方政府部门属研究与开发机构科技活动课题经费按社会经济目标分布（2016年）

二、R&D活动

（一）R&D活动的规模

2016年，地方政府部门属研究与开发机构的R&D经费为274.0亿元，比上年增加了28.6

亿元，增长了 11.7%。2008—2016 年，地方政府部门属研究与开发机构 R&D 经费持续增长，年均增长率为 19.8%（表 1-12）。

表 1-12 地方政府部门属研究与开发机构 R&D 经费变化趋势（2008—2016 年）

年份	2008 年	2009 年	2010 年	2011 年	2012 年	2013 年	2014 年	2015 年	2016 年
R&D 经费（亿元）	64.7	88.5	114.1	130.1	155.8	174.7	204.3	245.4	274.0
增长速度（%）	25.4	36.8	28.9	14.0	19.8	12.1	16.9	20.1	11.7

近年来，地方政府部门属研究与开发机构中从事 R&D 活动的人员稳步增长，人均 R&D 经费不断增加。2016 年，地方政府部门属研究与开发机构的 R&D 人员为 8.6 万人年；人均 R&D 经费为 31.9 万元 / 人年，比上年增加了 3.4 万元 / 人年（图 1-18）。

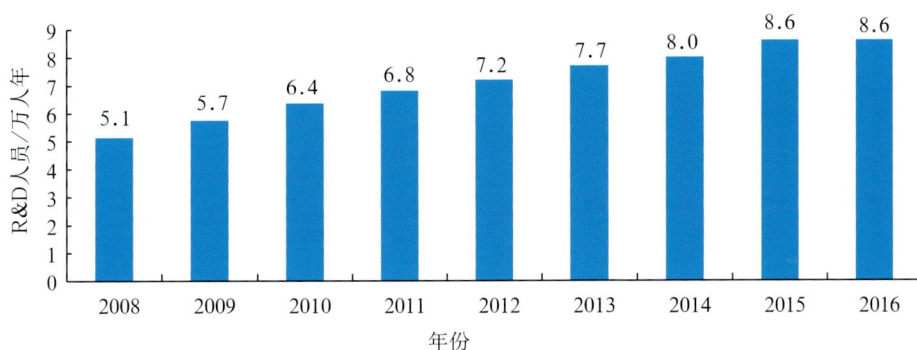

图 1-18 地方政府部门属研究与开发机构 R&D 人员情况（2008—2016 年）

（二）R&D 经费按活动类型分布

在地方政府部门属研究与开发机构的 R&D 经费中，试验发展经费占据了相当大的份额。2016 年，地方政府部门属研究与开发机构的基础研究经费为 43.3 亿元、应用研究经费为 80.8 亿元、试验发展经费为 149.9 亿元，占其 R&D 经费的比重分别为 15.8%、29.5% 和 54.7%（图 1-19）。

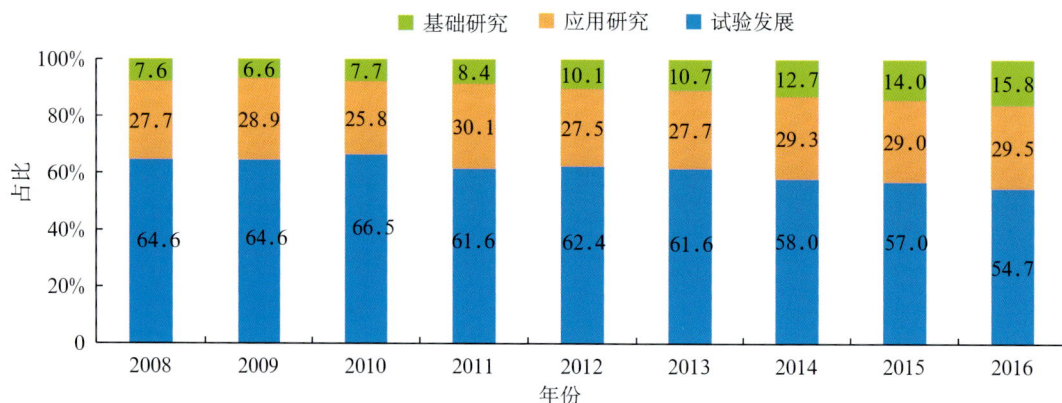

图 1-19 地方政府部门属研究与开发机构 R&D 经费的活动类型情况（2008—2016 年）

（三）R&D 经费按来源分布

地方政府部门属研究与开发机构的 R&D 经费主要来源于政府，其他来源所占比重较小。2016 年地方政府部门属研究与开发机构的 R&D 经费中，来自政府的资金为 213.1 亿元，比上年增长 19.6 亿元；来自于企业的资金为 7.6 亿元；来自于国外的资金为 0.5 亿元；来自于其他方面的资金为 52.9 亿元（图 1-20）。

图 1-20 地方政府部门属研究与开发机构 R&D 经费的来源情况（2008—2016 年）

（四）R&D 活动课题经费按社会经济目标分布

地方政府部门属研究与开发机构的 R&D 活动课题主要是促进农、林、牧、渔业发展，其次是促进卫生事业的发展。2016 年，地方政府部门属研究与开发机构的 R&D 活动课题经费为 136.0 亿元，促进农、林、牧、渔业发展课题的经费为 58.3 亿元，占其 R&D 课题总经费的比重为 42.9%；促进卫生事业发展的课题经费为 29.3 亿元，所占比重为 21.5%；促进社会发展和社会服务的课题经费为 11.9 亿元，所占比重为 8.8%；促进工商业发展的课题经费为 11.3 亿元，所占比重为 8.3%；环境保护及污染防治的课题经费为 8.3 亿元，所占比重为 6.1%（图 1−21）。

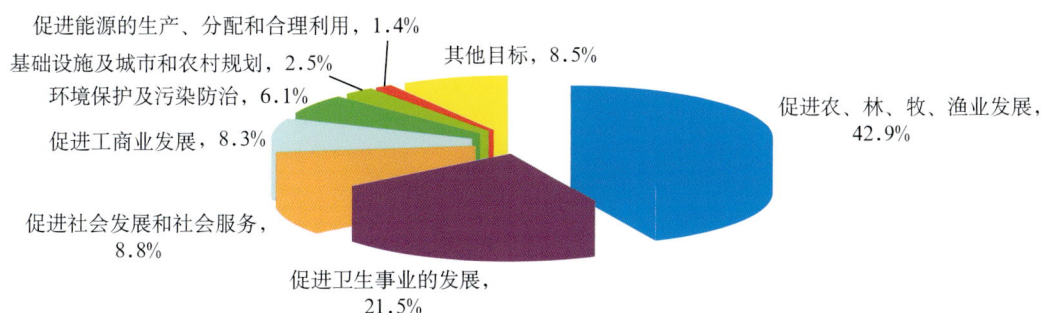

促进能源的生产、分配和合理利用，1.4%
基础设施及城市和农村规划，2.5%
环境保护及污染防治，6.1%
促进工商业发展，8.3%
促进社会发展和社会服务，8.8%
促进卫生事业的发展，21.5%
其他目标，8.5%
促进农、林、牧、渔业发展，42.9%

图 1−21 地方政府部门属研究与开发机构 R&D 课题经费按社会经济目标分布（2016 年）

三、为社会和公众提供科技服务

科技成果的示范性推广和科技培训工作是地方政府部门属研究与开发机构科技服务活动的主要形式。2016 年，地方政府部门属研究与开发机构开展科技服务活动的工作量为 6.7 万人年。其中，投入科技培训的工作量为 1.2 万人年；投入科技成果示范性推广的工作量为 1.6 万人年；投入为社会和公众提供测试、标准化、计量、计算、质量控制和专利服务的工作量为 1.5 万人年；投入技术咨询服务的工作量为 1.1 万人年；投入科技信息文献服务的工作量为 0.3 万人年；投入地形、地质和水文考察、天文、气象和地震日常观察服务的工作量为 0.1 万人年；投入其他科技服务的工作量为 0.9 万人年。

第二章 社会、人文科学领域的研究与开发机构

一、科技活动

（一）科技活动的规模

2016 年，我国共有社会、人文科学领域的研究与开发机构（以下简称社会人文研究机构）370 个；科技经费支出额为 80.9 亿元，比上年增加 12.9 亿元，增长 19.0%（按现价计算，下同）；从业人员 2.5 万人，科技活动人员[①]2.4 万人（表 2-1）。科技活动人员中具有大学及大学以上学历人员占 80.3 %，具有中级及中级以上职称人员占 72.8%。

表 2-1　社会人文研究机构科技活动经费、人员状况（2008—2016 年）

年份	科技活动经费（亿元）	从业人员（万人）	科技活动人员（万人）
2008	33.3	2.1	1.8
2009	35.2	2.1	2.1
2010	39.2	2.1	2.1
2011	43.7	2.1	2.0
2012	48.6	2.2	2.0
2013	52.2	2.2	2.0
2014	60.8	2.4	2.1
2015	68.0	2.4	2.1
2016	80.9	2.5	2.4

[①]　自 2010 年起，科技活动人员为单位的从业人员、招收的研究生和外聘人员中从事科技活动的人员。

（二）科技活动人员

科技活动人员整体素质不断提高。2016 年，社会人文研究机构共有科技活动人员 24 223 人。其中，具有博士学位的为 5507 人，占科技活动人员总量的比例为 22.7%，比上年增加 437 人；具有硕士学位的为 6445 人，占科技活动人员总量的比例为 26.6%，比上年增加 590 人（图 2-1）。

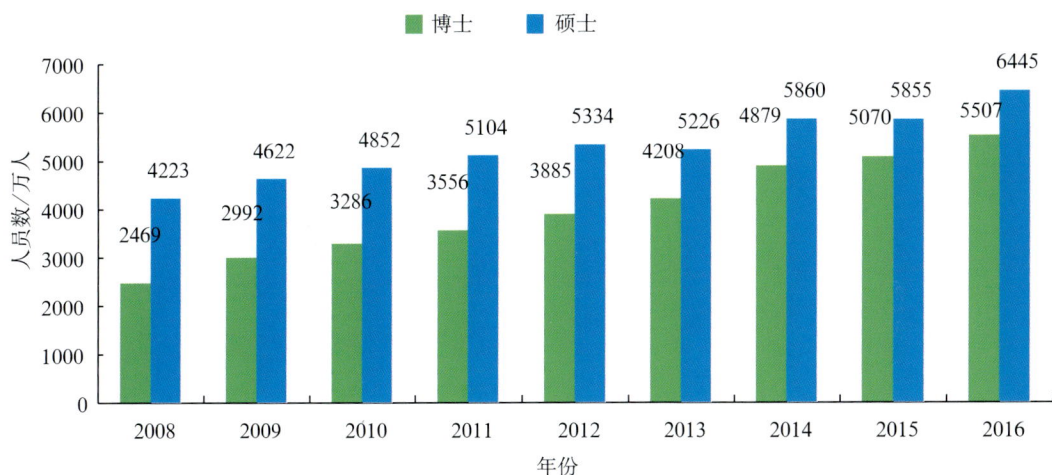

图 2-1 社会人文研究机构具有博士、硕士学位的科技活动人员情况（2008—2016 年）

（三）科技经费筹集额

在科技经费筹集额中，来自政府的资金所占比重基本保持在九成左右。2016 年，社会人文研究机构科技经费筹集额为 90.5 亿元，比上年增长 26.0%。其中，来自政府的资金为 80.2 亿元，比上年增加 16.3 亿元，占到科技经费筹集额的 88.6%（表 2-2）。

表 2-2 社会人文研究机构科技经费筹集额情况（2008—2016 年）

年份	2008 年	2009 年	2010 年	2011 年	2012 年	2013 年	2014 年	2015 年	2016 年
科技经费筹集额（亿元）	34.4	38.5	41.4	46.5	54.7	59.6	65.9	71.8	90.5
比上年增长（%）	11.7	12.0	7.5	12.3	17.6	9.0	10.6	9.0	26.0
政府资金（亿元）	30.2	34.1	34.2	39.8	48.5	52.0	58.1	63.9	80.2
政府资金科技经费筹集额（%）	87.9	88.7	82.6	85.6	88.7	87.2	88.1	89.0	88.6

（四）科技经费支出额

2016 年，社会人文研究机构共有 370 个，按学科可分为 18 类，其中从事经济学研究的机构有 97 个，占总机构数的 26.2%；从事社会学研究的机构有 60 个，占总机构数的 16.2%。

2016 年，社会人文研究机构的科技经费支出额为 80.9 亿元，其中经济学研究为 15.0 亿元，占科技经费支出总额的 18.5%；社会学研究为 17.7 亿元，占科技经费支出总额的 21.9%（表 2-3）。

表 2-3　社会人文研究机构按所属学科分布（2016 年）

	机构数（个）	科技活动人员（人）	科技经费支出（万元）
总计	370	24 223	808 962
马克思主义	6	829	25 600
哲学	6	1109	28 064
宗教学	2	87	3174
语言学	2	93	5550
文学	4	295	9129
艺术学	40	1595	50 739
历史学	8	649	21 104
考古学	27	2563	134 870
经济学	97	4254	149 861
政治学	8	528	14 132
法学	10	652	30 712
社会学	60	6386	176 576
民族学与文化学	10	447	12 449
新闻学与传播学	7	372	10 754
图书馆、情报与文献学	3	640	3807
教育学	43	2501	96 492
体育科学	31	1140	34 554
统计学	6	83	1398

（五）课题投入

课题研究以 R&D 活动为主。2016 年，社会人文研究机构有在研课题 8205 个，其中 R&D 课题为 6252 个，占比为 76.2%。课题总经费为 27.2 亿元，比上年增加 2.2 亿元。课题投入人员为 1.55 万人年，比上年增加 0.24 万人年。人均课题经费为 17.5 万元 / 人年，比上年减少了 1.6 万元 / 人年。R&D 课题投入人员为 1.2 万人年，占课题投入人员总量的 79.9%。R&D 课题经费为 21.0 亿元，比上年增加 2.3 亿元，占课题经费总量的 77.2%。

（六）课题经费来源

五成以上的课题经费来源于政府部门。2016 年，社会人文研究机构的课题经费中，来自中央政府部门的为 7.9 亿元，占课题总经费的 29.1%；来自地方政府部门的为 7.1 亿元，占

26.2%。来自政府的课题经费占到课题总经费的 55.3%，比上年减少 8.1 百分点。自选课题经费为 6.5 亿元，占课题总经费的 23.9%，比上年增长 1.2 个百分点；企业委托的课题经费占课题总经费的 6.3%；国际合作和其他来源的课题经费分别占 0.8% 和 13.7%（图 2-2）。

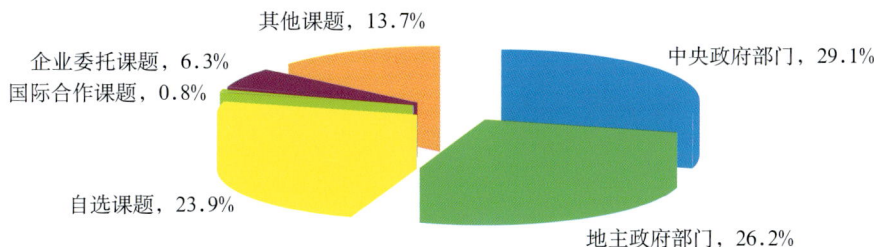

图 2-2　社会人文研究机构课题经费来源结构（2016 年）

（七）科技论文

2016 年，社会人文研究机构发表科技论文 2.3 万篇，比上年增加 0.3 万篇。其中，在国外学术刊物或国际学术会议上发表论文 641 篇，占科技论文总数的 2.8%。2016 年，社会人文机构出版各类科技著作 2256 种。

二、R&D 活动

（一）R&D 经费及来源

R&D 经费主要来源于政府部门。2016 年，社会人文研究机构的 R&D 经费为 46.9 亿元。其中，来源于政府的资金为 41.2 亿元，比上年增加 7.5 亿元，占 R&D 经费的 87.8%；单位自有资金为 2.1 亿元，占 R&D 经费的 4.5%。

（二）R&D 经费按活动类型分布

2016 年，社会人文研究机构的基础研究、应用研究、试验发展经费分别为 17.8 亿元、23.6 亿元和 5.5 亿元，占 R&D 经费的比重分别为 38.0%、50.3% 和 11.7%（图 2-3）。

图 2-3　社会人文研究机构 R&D 经费按活动类型分布（2016 年）

第三章 科技信息与文献机构

一、科技活动

（一）科技活动规模

2016 年，我国共有科技信息与文献机构 334 个，其中中央政府部门属的科技信息与文献机构有 20 个，地方政府部门属的科技信息与文献机构有 314 个。2016 年，科技信息与文献机构的科技经费支出额为 45.4 亿元；从业人员为 1.5 万人；科技活动人员为 1.3 万人，其中具有大学及大学以上学历的人员占 82.3%，具有中级及中级以上职称的人员占 64.2%。中央政府部门属的科技信息与文献机构的科技活动人员占到全部科技信息与文献机构总量的 23.3%，科技经费支出额占全部科技信息与文献机构总量的 38.5%（图 3-1）。

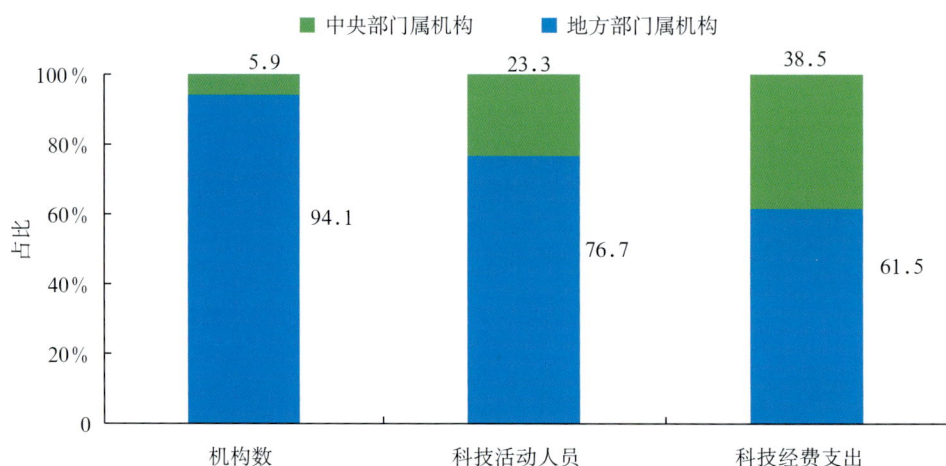

图 3-1 科技信息与文献机构科技活动经费、人员情况（2016 年）

（二）科技经费筹集额

2016 年，科技信息与文献机构的科技经费筹集额为 54.4 亿元，其中来自政府的资金为

45.5 亿元，占到科技经费筹集额总量的 83.6%。政府资金仍然是我国科技信息与文献机构科技经费筹集额的主要来源。2016 年，非政府资金中的技术性收入为 7.0 亿元，占到科技经费筹集额总量的 12.9%。

（三）课题投入

2016 年，科技信息与文献机构共开展课题研究 2723 个；课题经费为 9.3 亿元，比上年减少 0.9 亿元；课题投入人员为 0.6 万人年。课题活动主要以科技服务活动为主，投入科技服务活动的经费为 4.7 亿元，人员为 0.3 万人年，分别占其总量的 51.0% 和 55.1%（图 3-2）。

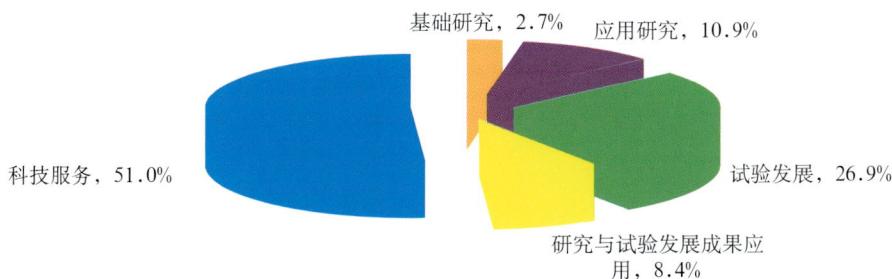

基础研究，2.7%　应用研究，10.9%　科技服务，51.0%　试验发展，26.9%　研究与试验发展成果应用，8.4%

图 3-2　科技信息与文献机构课题经费按课题活动类型分布（2016 年）

（四）课题经费来源

科技信息与文献机构课题经费以政府资金为主。2016 年科技信息与文献机构 9.3 亿元的课题经费中有 3.6 亿元来自中央政府部门，比上年减少 0.7 亿元，占 38.4%；有 3.8 亿元来自地方政府部门，比上年增加 0.5 亿元，占 41.3%。来源于政府部门的课题经费占其全部课题经费的比重为 79.7%。国际合作课题经费和企业委托课题经费分别占全部课题经费的 0.9% 和 1.7%；自选课题经费和其他课题经费分别占全部课题经费的 6.1% 和 11.7%（图 3-3）。

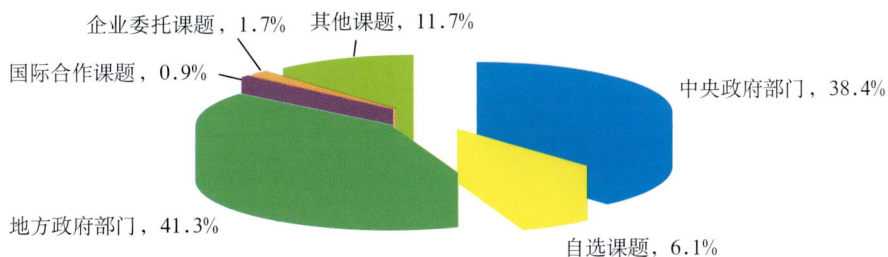

企业委托课题，1.7%　其他课题，11.7%　国际合作课题，0.9%　中央政府部门，38.4%　地方政府部门，41.3%　自选课题，6.1%

图 3-3　科技信息与文献机构课题经费来源结构图（2016 年）

（五）科技论文

2016 年，科技信息与文献机构共发表科技论文 3653 篇，其中在国外学术刊物或国际学术会议上发表 211 篇。出版科技著作 220 种。获得专利授权 101 件。

二、科技信息服务活动

（一）科技信息服务

2016 年，科技信息与文献机构拥有图书资料 7228.6 万册，缩微制品 1386.9 万盒（张），各类数据库 0.7 万个，计算机等有关设备 4.3 万台。

科技信息与文献机构以各种方式为用户提供信息服务。2016 年，资料阅览 2989.4 万人次，外借资料 217.2 万人次，资料复制 6.1 亿页，读者咨询 98.4 万人次，课题检索 5.6 万个，数据库数据加工 2545.2 万条，专题咨询服务 3.7 万次。

（二）科技服务

2016 年，科技信息与文献机构投入科技服务活动的工作量为 6053 人年。其中，投入科技信息文献服务活动的工作量为 1990 人年，占比为 32.9%；投入科技培训服务活动的工作量为 809 人年，占比为 13.4%；投入技术咨询服务活动的工作量为 1014 人年，占比为 16.8%；投入为社会和公众服务活动的工作量为 492 人年，占比为 8.1%；投入科技成果示范推广活动的工作量为 518 人年，占比为 8.6%；投入其他科技服务活动的工作量为 1230 人年，占比为 20.3%（图 3-4）。

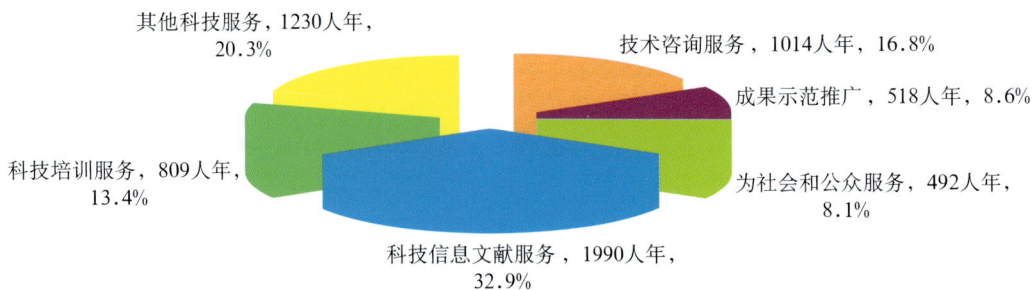

其他科技服务，1230人年，20.3%　　技术咨询服务，1014人年，16.8%　　成果示范推广，518人年，8.6%　　科技培训服务，809人年，13.4%　　为社会和公众服务，492人年，8.1%　　科技信息文献服务，1990人年，32.9%

图 3-4　科技信息与文献机构对外科技服务活动按服务类型分（2016 年）

第四章　县属研究与开发机构

一、科技活动

（一）科技活动规模

2016 年，我国共有县属研究与开发机构 1021 个；科技经费支出额为 17.0 亿元，比上年增加 1.6 亿元；从业人员为 1.9 万人，比上年减少 0.2 万人，其中科技活动人员为 1.3 万人，比上年减少 0.1 万人（表 4-1）。

表 4-1　县属研究与开发机构科技活动经费、人员状况（2008—2016 年）

年份	机构数（个）	科技经费支出（亿元）	从业人员（万人）	科技活动人员
2008	1246	8.3	2.9	1.5
2009	1224	9.6	2.8	1.5
2010	1202	10.0	2.6	1.5
2011	1183	12.2	2.6	1.5
2012	1150	13.0	2.4	1.4
2013	1126	14.2	2.3	1.4
2014	1113	14.7	2.2	1.4
2015	1072	15.4	2.1	1.4
2016	1021	17.0	1.9	1.3

（二）科技活动的行业分布

县属研究与开发机构的科技活动主要分布在农、林、牧、渔业。2016 年科技经费支出额中，投入农、林、牧、渔业的科技活动经费为 13.0 亿元，占全部科技经费支出额的 76.5%，比上年略有下降。投入这一行业的科技活动人员为 1.0 万人，占科技活动人员总数的 80.1%（表 4-2）。

表4-2　县属研究与开发机构科技活动经费和人员按服务的行业分布（2016年）

	机构数（个）	科技经费支出		科技活动人员	
		万元	占比（%）	人	占比（%）
总计	1021	170 168	100.00	13 082	100.00
农、林、牧、渔业	790	130 491	76.68	10 435	79.77
采矿业	1	7	0.00	2	0.02
制造业	27	3832	2.25	282	2.16
信息传输、软件和信息技术服务业	2	687	0.40	160	1.22
金融业	1	43	0.03	26	0.20
科学研究和技术服务业	161	25 685	15.09	1495	11.43
水利、环境和公共设施管理业	16	2961	1.74	240	1.83
居民服务和其他服务业	2	165	0.10	34	0.26
教育	2	615	0.36	43	0.33
卫生和社会工作	15	5397	3.17	339	2.59
文化、体育和娱乐业	3	241	0.14	20	0.15
公共管理、社会保障和社会组织	1	44	0.03	6	0.05

二、农业技术推广与科技协作情况

2016年，县属研究与开发机构共承担1077个课题，其中为农、林、牧、渔业服务的课题为918个，占到全部课题总数的85.2%，投入这一行业的课题经费和人员分别是2.9亿元和3241人年，占到全部课题经费与人员的72.1%和80.8%（表4-3）。

表4-3　县属研究与开发机构课题按行业分布（2016年）

	课题数（个）	课题经费支出		投入人员	
		万元	%	人年	%
总计	1077	40 665	100.00	4010	100.00
农、林、牧、渔业	918	29 332	72.13	3241	80.82
制造业	12	1486	3.65	98	2.44
信息传输、软件和信息技术服务业	5	150	0.37	142	3.54
金融业	2	43	0.11	11	0.27
科学研究和技术服务业	88	7507	18.46	290	7.23
水利、环境和公共设施管理业	22	971	2.39	88	2.19
卫生和社会工作	29	1151	2.83	139	3.47
文化、体育和娱乐业	1	25	0.06	1	0.02

附　表

一、全国县以上政府部门属研究与开发机构

表 1-1　机构、人员和经费概况按地域分布（2016 年）

	机构数 （个）	从业人员 总数 （人）	科技活动 人员 （人）	科技经费 筹集额 （万元）	政府资金	企业资金	科技经费 内部支出 （万元）
总计	3611	768 794	604 864	35 075 856	28 177 816	1 895 025	30 271 489
北京市	396	167 138	148 275	12 355 121	10 308 251	563 966	9 635 405
天津市	61	17 228	13 717	626 362	482 331	70 719	586 640
河北省	80	22 900	13 116	523 626	483 777	1057	495 159
山西省	165	16 479	12 621	300 321	235 665	29 705	300 395
内蒙古自治区	98	9597	7310	209 506	156 345	5053	223 701
辽宁省	158	22 144	20 140	898 671	756 816	59 810	836 058
吉林省	106	12 325	11 317	420 126	390 216	6582	387 736
黑龙江省	154	13 772	10 780	412 498	351 280	29 704	364 793
上海市	134	44 870	42 847	3 853 101	3 233 224	141 644	3 391 007
江苏省	135	57 211	37 358	2 181 926	1 010 993	129 206	2 102 766
浙江省	101	15 793	13 658	622 655	448 202	113 284	574 992
安徽省	100	21 987	14 769	580 024	444 434	18 769	537 840
福建省	102	7641	7450	273 464	241 229	17 868	289 495
江西省	117	12 732	9159	252 293	234 845	10 244	204 311
山东省	204	22 217	20 675	892 041	736 039	61 631	812 636
河南省	122	29 791	21 023	612 517	500 100	21 240	527 463
湖北省	123	28 356	22 286	1 455 788	1 126 937	98 791	1 157 771
湖南省	123	13 268	10 174	390 676	309 168	50 335	312 034
广东省	202	29 627	22 769	1 203 991	829 995	148 189	1 093 359
广西壮族自治区	118	11 387	8527	271 413	230 849	4702	262 750
海南省	28	4681	3178	182 848	171 536	2650	187 744
重庆市	37	14 120	8506	306 394	262 697	9670	324 813
四川省	170	75 444	46 550	2 743 374	2 114 225	200 027	2 471 684
贵州省	82	6429	5329	141 455	114 290	721	151 349
云南省	114	11 995	10 410	347 767	281 154	13 636	335 611
西藏自治区	17	1275	845	27 927	26 004	0	25 848
陕西省	106	59 009	42 727	2 285 725	2 107 198	56 272	2 071 688
甘肃省	106	10 631	10 140	414 317	330 240	18 729	350 946
青海省	25	1395	1602	49 229	43 292	854	43 429
宁夏回族自治区	21	858	845	33 404	32 672	559	27 923
新疆维吾尔自治区	106	6494	6761	207 298	183 815	9411	184 145

表 1-2　地方属机构、人员和经费概况按隶属关系分布（2016 年）

	机构数（个）	从业人员总数（人）	科技活动人员（人）	科技经费筹集额（万元）	政府资金	企业资金	科技经费内部支出（万元）
总计	2877	235 142	184 333	6 527 477	5 272 400	411 034	6 005 428
北京市	49	7355	7220	408 823	334 571	11 031	381 266
天津市	41	3234	2914	122 809	75 465	31 437	108 160
河北省	72	3947	3473	135 864	128 981	1057	128 521
山西省	160	9962	8372	181 666	145 775	29 213	170 070
内蒙古自治区	90	7627	5905	142 760	133 028	3913	155 517
辽宁省	143	8646	6908	178 605	173 658	3063	162 706
吉林省	99	8527	6432	166 686	155 413	2595	161 554
黑龙江省	147	10 725	8760	194 003	171 472	5245	177 438
上海市	82	9289	7738	481 834	318 916	21 300	433 875
江苏省	106	15 418	10 411	502 453	419 312	34 019	445 730
浙江省	86	7315	6741	338 310	240 903	64 535	305 968
安徽省	91	4239	3694	117 665	96 612	2625	110 745
福建省	97	6083	5272	153 630	138 358	7482	152 992
江西省	113	8509	6022	135 283	128 816	2802	108 629
山东省	193	16 764	14 697	443 933	323 685	53 564	427 554
河南省	107	7239	6091	171 149	145 015	2234	147 498
湖北省	94	6307	4616	161 778	128 363	6970	133 318
湖南省	117	8290	6230	175 907	139 290	14 963	159 153
广东省	175	15 390	12 114	740 457	479 715	69 858	659 107
广西壮族自治区	116	10 204	7479	228 040	207 841	4178	222 138
海南省	16	1611	930	37 592	34 891	656	34 461
重庆市	34	12 521	7127	266 429	232 029	5416	287 122
四川省	142	12 758	8201	238 134	205 586	9218	212 779
贵州省	74	4356	3815	87 822	84 170	721	78 682
云南省	104	7145	6328	203 515	163 642	10 412	176 242
西藏自治区	17	1275	845	27 927	26 004	0	25 848
陕西省	70	6534	3689	129 870	118 260	64	119 788
甘肃省	96	6675	5881	146 985	131 724	7398	132 378
青海省	23	958	886	25 585	24 113	0	23 609
宁夏回族自治区	21	858	845	33 404	32 672	559	27 923
新疆维吾尔自治区	102	5381	4697	148 561	134 122	4507	134 660

表 1-3 机构、人员和经费概况按行业分布（2016 年）

	机构数 （个）	从业人员 总数 （人）	科技活动 人员 （人）	科技经费 筹集额 （万元）	政府资金	企业资金	科技经费 内部支出 （万元）
总计	3611	768 794	604 864	35 075 856	28 177 816	1 895 025	30 271 489
农、林、牧、渔业	1184	93 946	80 025	3 232 591	2 873 031	112 822	2 799 773
采矿业	9	859	544	21 646	18 994	2317	17 963
制造业	593	418 284	274 505	19 653 114	15 799 080	794 852	16 508 386
电力、热力、燃气及水生产和供应业	8	1692	1392	105 715	59 575	24 935	74 014
建筑业	33	5858	4181	153 618	33 453	62 971	148 069
批发和零售业	2	40	37	753	753	0	467
交通运输、仓储和邮政业	18	3492	3418	250 537	157 754	29 837	223 434
信息传输、软件和信息技术服务业	34	4291	3870	298 931	161 328	111 365	224 117
金融业	3	41	35	1780	1780	0	1094
租赁和商务服务业	6	110	103	2748	1941	650	2356
科学研究和技术服务业	1070	150 575	173 766	8 805 499	7 210 137	563 321	7 862 389
水利、环境和公共设施管理业	210	20 721	18 318	893 495	612 545	134 526	810 172
居民服务、修理和其他服务业	3	88	78	4922	4919	0	5115
教育	37	2443	2253	108 710	100 672	931	90 188
卫生和社会工作	225	52 940	31 035	1 044 021	786 127	15 518	1 078 542
文化、体育和娱乐业	94	6635	5386	249 392	198 218	7604	220 642
公共管理、社会保障和社会组织	82	6779	5918	248 384	157 509	33 375	204 769

表1-4 机构、人员和经费概况按隶属关系分布（2016年）

	机构数 （个）	从业人员 （人）	科技活动 人员 （人）	科技经费 筹集额 （万元）	政府资金	企业资金	科技经费 内部支出 （万元）
总计	3611	768 794	604 864	35 075 856	28 177 816	1 895 025	30 271 489
地方部门属	2877	235 142	184 333	6 527 477	5 272 400	411 034	6 005 428
省级部门属	1419	166 961	130 658	5 210 113	4 104 557	338 954	4 791 036
副省级市部门属	164	11 278	8253	284 703	244 298	17 961	278 680
地市级部门属	1294	56 903	45 422	1 032 661	923 545	54 119	935 712
中央部门属	734	533 652	420 531	28 548 379	22 905 416	1 483 990	24 266 061

表1-5 科技活动人员按受教育程度分布（2016年）

	科技活动人员 （人）	博士	硕士	本科	其他
总计	604 864	71 604	171 801	237 156	124 303
地方部门属	184 333	14 515	47 405	82 324	40 089
省级部门属	130 658	12 973	37 850	56 108	23 727
副省级市部门属	8253	463	2221	4077	1492
地市级部门属	45 422	1079	7334	22 139	14 870
中央部门属	420 531	57 089	124 396	154 832	84 214

表1-6 科技活动人员按职称分布（2016年）

	科技活动人员 （人）	高级	中级	其他
总计	604 864	197 640	176 857	230 367
地方部门属	184 333	59 243	58 387	66 703
省级部门属	130 658	44 383	41 310	44 965
副省级市部门属	8253	2629	2503	3121
地市级部门属	45 422	12 231	14 574	18 617
中央部门属	420 531	138 397	118 470	163 664

表 1-7 科技经费内部支出按支出构成分布（2016 年）

	科技经费内部支出（万元）	日常性支出		资产性支出	
			人员劳务费		仪器设备费
总计	30 271 489	24 239 886	6 684 593	6 031 603	3 701 089
地方部门属	6 005 428	4 698 358	2 178 188	1 307 071	862 045
省级部门属	4 791 036	3 663 152	1 611 866	1 127 884	749 629
副省级市部门属	278 680	224 901	106 481	53 779	32 678
地市级部门属	935 712	810 305	459 841	125 408	79 738
中央部门属	24 266 061	19 541 529	4 506 406	4 724 532	2 839 044

表 1-8 R&D 经费内部支出按地域分布（2016 年）

R&D 经费内部支出（万元）	按活动类型分			按资金来源分			
	基础研究	应用研究	试验发展	政府资金	企业资金	国外资金	其他资金
总计 22 601 761	3 373 984	6 420 600	12 807 177	18 516 001	904 371	38 967	3 142 422
北京市 7 301 166	1 366 529	2 164 985	3 769 652	6 313 337	238 991	16 890	731 948
天津市 466 425	39 077	139 748	287 599	376 857	15 749	343	73 476
河北省 383 879	10 989	82 885	290 005	363 835	670	28	19 346
山西省 155 409	35 855	31 990	87 565	128 360	9448	117	17 485
内蒙古自治区 87 543	16 594	27 454	43 495	78 976	169	0	8398
辽宁省 697 271	77 975	319 121	300 176	618 205	58 595	726	19 746
吉林省 290 135	51 430	100 115	138 590	280 536	4389	999	4211
黑龙江省 164 139	32 201	39 496	92 443	120 967	2129	33	41 011
上海市 2 793 983	348 371	693 434	1 752 178	2 482 111	85 750	7163	218 959
江苏省 1 579 093	89 583	483 700	1 005 810	580 568	90 732	1764	906 030
浙江省 350 325	72 025	95 030	183 270	257 755	55 063	558	36 949
安徽省 477 896	115 099	111 105	251 692	381 008	17 245	2088	77 554
福建省 186 009	69 287	57 469	59 253	135 119	5605	0	45 286
江西省 130 051	2986	20 044	107 021	117 040	7513	66	5432
山东省 465 727	127 814	121 209	216 705	387 678	19 601	1229	57 220

	R&D 经费							
	内部支出（万元）	按活动类型分			按资金来源分			
		基础研究	应用研究	试验发展	政府资金	企业资金	国外资金	其他资金
河南省	360 378	42 010	92 533	225 835	256 423	12 993	0	90 962
湖北省	716 378	100 594	353 192	262 591	554 240	45 525	746	115 867
湖南省	215 739	14 250	72 955	128 534	166 453	31 592	189	17 505
广东省	737 433	174 788	189 447	373 198	481 198	40 329	1463	214 442
广西壮族自治区	132 405	32 330	55 584	44 491	109 680	1473	55	21 197
海南省	107 652	43 805	41 891	21 956	80 216	230	370	26 837
重庆市	212 342	29 678	84 003	98 661	169 424	7294	16	35 608
四川省	2 173 686	148 398	373 695	1 651 593	1 879 739	103 109	861	189 978
贵州省	67 133	38 051	9054	20 028	42 173	406	305	24 250
云南省	264 848	85 296	56 565	122 988	211 102	13 825	2094	37 826
西藏自治区	12 759	4134	3843	4782	12 625	0	0	135
陕西省	1 676 946	62 960	493 746	1 120 240	1 584 774	19 011	72	73 089
甘肃省	254 815	101 540	55 231	98 044	214 182	14 480	775	25 379
青海省	21 399	8933	6492	5974	19 085	1600	0	713
宁夏回族自治区	18 982	4353	4819	9811	18 944	0	0	38
新疆维吾尔自治区	99 818	27 049	39 769	33 001	93 392	856	20	5549

表 1-9 R&D 经费内部支出按行业分布（2016 年）

	R&D 经费内部支出（万元）	按活动类型分			按资金来源分			
		基础研究	应用研究	试验发展	政府资金	企业资金	国外资金	其他资金
总计	22 601 761	3 373 984	6 420 600	12 807 177	18 516 001	904 371	38 967	3 142 422
农、林、牧、渔业	1 581 432	220 843	366 772	993 817	1 388 933	48 407	4663	139 429
采矿业	12 648	335	919	11 394	11 252	392	51	954
制造业	14 009 716	741 183	3 028 477	10 240 056	11 296 252	464 199	1496	2 247 769
电力、热力、燃气及水生产和供应业	44 484	10 504	21 307	12 673	27 968	13 668	31	2818
建筑业	27 980	2253	7019	18 708	12 082	691	0	15 208
批发和零售业	0	0	0	0	0	0	0	0
交通运输、仓储和邮政业	76 255	7444	10 393	58 417	70 564	1484	0	4207
信息传输、软件和信息技术服务业	95 802	7153	54 230	34 419	71 874	7970	0	15 958
金融业	897	0	692	205	897	0	0	0
租赁和商务服务业	627	0	627	0	302	0	0	325
科学研究和技术服务业	5 570 051	2 136 634	2 437 995	995 422	4 799 192	323 511	28 488	418 860
水利、环境和公共设施管理业	366 264	40 360	128 146	197 759	296 266	30 141	1262	38 595
居民服务、修理和其他服务业	3239	0	0	3239	3237	0	0	3
教育	30 046	426	17 368	12 252	28 295	0	0	1751
卫生和社会工作	613 553	167 558	265 124	180 870	386 067	8642	2927	215 916
文化、体育和娱乐业	81 357	34 174	30 734	16 449	64 783	3739	0	12 834
公共管理、社会保障和社会组织	87 412	5117	50 798	31 497	58 038	1527	50	27 796

表 1-10 R&D 经费内部支出按隶属关系分布（2016 年）

	R&D 经费内部支出（万元）	按活动类型分			按来源分			
		基础研究	应用研究	试验发展	政府资金	企业资金	国外资金	其他资金
总计	22 601 761	3 373 984	6 420 600	12 807 177	18 516 001	904 371	38 967	3 142 422
地方部门属	2 740 343	433 074	807 782	1 499 486	2 130 512	75 632	4927	529 272
省级部门属	2 364 763	410 622	715 855	1 238 287	1 810 234	66 052	3996	484 481
副省级市部门属	90 909	10 364	27 674	52 871	71 990	1128	0	17 791
地市级部门属	284 671	12 089	64 253	208 328	248 288	8452	931	27 000
中央部门属	19 861 419	2 940 910	5 612 818	11 307 691	16 385 490	828 739	34 041	2 613 150

表 1-11 R&D 经费内部支出按费用类别分布（2016 年）

	R&D 经费内部支出（万元）	日常性		资产性	
		支出	人员劳务费	支出	仪器设备费
总计	22 601 761	18 081 185	4 739 242	4 520 577	2 946 161
地方部门属	2 740 343	2 186 461	1 096 480	553 881	384 669
省级部门属	2 364 763	1 871 351	902 135	493 412	351 314
副省级市部门属	90 909	70 963	46 128	19 946	7235
地市级部门属	284 671	244 148	148 217	40 523	26 120
中央部门属	19 861 419	15 894 723	3 642 762	3 966 696	2 561 492

表 1-12　地方属研究机构 R&D 经费内部支出按隶属关系分布（2016 年）

	R&D 经费内部支出（万元）	按活动类型分			按资金来源分			
		基础研究	应用研究	试验发展	政府资金	企业资金	国外资金	其他资金
总计	2 740 343	433 074	807 782	1 499 486	2 130 512	75 632	4927	529 272
北京市	211 628	50 079	63 482	98 067	179 779	4410	649	26 789
天津市	62 302	4775	13 800	43 727	41 252	1215	343	19 493
河北省	48 855	2263	8973	37 620	47 444	143	28	1241
山西省	42 921	7704	13 405	21 813	35 052	1711	0	6159
内蒙古自治区	64 475	13 207	18 402	32 866	62 058	169	0	2248
辽宁省	74 165	2737	14 345	57 082	71 340	44	20	2761
吉林省	66 035	6004	17 179	42 851	60 502	1152	324	4057
黑龙江省	99 309	15 706	23 794	59 809	74 784	868	0	23 658
上海市	166 050	11 973	82 051	72 026	138 934	10 698	844	15 574
江苏省	168 406	10 329	72 875	85 202	104 880	4076	329	59 122
浙江省	122 026	16 444	32 627	72 955	91 128	10 054	328	20 516
安徽省	54 665	9847	14 817	30 002	42 992	1514	68	10 091
福建省	70 263	10 741	16 930	42 592	60 243	790	0	9230
江西省	38 686	2966	9477	26 243	33 094	94	66	5432
山东省	182 046	41 438	64 798	75 810	138 652	5983	0	37 411
河南省	37 058	2432	7604	27 022	30 287	1577	0	5195
湖北省	47 335	5767	8941	32 628	38 386	2526	300	6123
湖南省	66 002	5672	14 372	45 958	56 234	2488	0	7280
广东省	387 770	69 619	88 595	229 555	211 300	12 308	253	163 909
广西壮族自治区	109 019	27 812	41 117	40 090	88 855	1473	55	18 637
海南省	15 211	3142	5656	6412	14 490	0	0	721
重庆市	175 471	20 998	67 938	86 534	138 006	1851	6	35 608
四川省	92 845	18 948	24 483	49 414	82 257	392	14	10 181
贵州省	31 580	8642	8983	13 955	29 809	271	4	1496
云南省	120 114	12 078	26 712	81 325	93 065	8358	1046	17 645
西藏自治区	12 759	4134	3843	4782	12 625	0	0	135
陕西省	36 127	15 666	4885	15 576	33 603	88	0	2436
甘肃省	58 708	16 019	14 126	28 563	47 813	799	250	9847
青海省	4147	1938	1758	450	3119	335	0	693
宁夏回族自治区	18 982	4353	4819	9811	18 944	0	0	38
新疆维吾尔自治区	55 386	9643	16 996	28 747	49 588	249	0	5549

表 1-13 R&D 人员全时当量按地域分布（2016 年）

	R&D 人员全时当量（人年）		按活动类型分布		
		研究人员	基础研究	应用研究	试验发展
总计	390 110	273 967	83 762	127 115	179 233
北京市	99 099	68 180	30 387	34 544	34 168
天津市	10 517	6455	796	3969	5752
河北省	9236	6468	848	3311	5077
山西省	4200	3112	904	1270	2026
内蒙古自治区	2843	1790	406	800	1637
辽宁省	13 736	9602	2800	4480	6456
吉林省	7618	4224	1619	2635	3364
黑龙江省	6124	4490	1797	1721	2606
上海市	28 775	18 004	7006	8602	13 167
江苏省	24 032	18 137	3064	9508	11 460
浙江省	7066	5313	995	2520	3551
安徽省	11 628	8440	3031	3613	4984
福建省	4305	2282	1523	1167	1615
江西省	5577	3354	374	1174	4029
山东省	13 095	9680	3447	4519	5129
河南省	10 801	7453	757	3013	7031
湖北省	14 737	11 727	3420	5228	6089
湖南省	6667	4398	726	2322	3619
广东省	14 101	10 182	3940	4083	6078
广西壮族自治区	4395	2749	1116	1552	1727
海南省	1784	1081	767	433	584
重庆市	5059	3192	922	2211	1926
四川省	33 545	26 187	3253	8130	22 162
贵州省	2984	2182	1055	590	1339
云南省	7270	5246	2375	1726	3169
西藏自治区	480	337	150	199	131
陕西省	28 976	21 031	2278	10 139	16 559
甘肃省	6570	5009	2615	1618	2337
青海省	589	415	234	217	138
宁夏回族自治区	588	469	144	195	249
新疆维吾尔自治区	3713	2778	1013	1626	1074

表 1-14 地方部门属研究与开发机构 R&D 人员全时当量按地域分布（2016 年）

	R&D 人员全时当量（人年）	研究人员	按活动类型分布		
			基础研究	应用研究	试验发展
总计	86 198	54 695	14 993	26 607	44 598
北京市	3863	2119	917	1331	1615
天津市	1485	938	157	443	885
河北省	1300	984	109	246	945
山西省	1938	1108	263	553	1122
内蒙古自治区	2036	1115	322	539	1175
辽宁省	2566	1648	107	562	1897
吉林省	2845	1016	318	748	1779
黑龙江省	4503	3154	1011	1409	2083
上海市	2956	1693	200	1549	1207
江苏省	4923	3185	384	2482	2057
浙江省	2844	1843	388	789	1667
安徽省	2136	1280	385	685	1066
福建省	2677	1441	490	698	1489
江西省	2679	1707	363	759	1557
山东省	7964	5658	2154	2566	3244
河南省	2545	1781	149	605	1791
湖北省	1957	1292	250	311	1396
湖南省	3301	2172	545	727	2029
广东省	6478	4354	1355	1648	3475
广西壮族自治区	3559	2030	1036	1271	1252
海南省	503	269	101	173	229
重庆市	3760	2077	548	1646	1566
四川省	3679	2445	693	1150	1836
贵州省	1940	1316	587	579	774
云南省	3937	2738	482	899	2556
西藏自治区	480	337	150	199	131
陕西省	1434	950	266	249	919
甘肃省	2850	1868	578	670	1602
青海省	143	68	48	66	29
宁夏回族自治区	588	469	144	195	249
新疆维吾尔自治区	2329	1640	493	860	976

表 1-15　R&D 人员全时当量按隶属关系分布（2016 年）

	R&D 人员 全时当量 （人年）	研究人员	按活动类型分		
			基础研究	应用研究	试验发展
总计	390 110	273 967	83 762	127 115	179 233
地方部门属	86 198	54 695	14 993	26 607	44 598
省级部门属	67 479	43 127	13 865	22 126	31 488
副省级市部门属	3223	2221	251	1253	1719
地市级部门属	15 496	9347	877	3228	11 391
中央部门属	303 912	219 272	68 769	100 508	134 635

表 1-16　R&D 人员全时当量按服务的国民经济行业分布（2016 年）

	R&D 人员 全时当量 （人年）	研究人员	按活动类型分布		
			基础研究	应用研究	试验发展
总计	390 110	273 967	83 762	127 115	179 233
农、林、牧、渔业	47 415	29 980	7879	10 609	28 927
采矿业	318	218	21	31	266
制造业	198 677	142 648	19 140	60 723	118 814
电力、热力、燃气及水生产和供应业	794	631	311	282	201
建筑业	1003	687	68	323	612
批发和零售业	0	0	0	0	0
交通运输、仓储和邮政业	1248	696	373	224	651
信息传输、软件和信息技术服务业	1608	883	358	568	682
金融业	27	23	0	20	7
租赁和商务服务业	34	19	0	34	0
科学研究和技术服务业	109 574	79 418	48 064	41 436	20 074
水利、环境和公共设施管理业	8578	5632	1477	3095	4006
居民服务、修理和其他服务业	44	37	0	0	44
教育	682	510	21	502	159
卫生和社会工作	16 014	9844	4964	7608	3442
文化、体育和娱乐业	1640	1120	694	567	379
公共管理、社会保障和社会组织	2454	1621	392	1093	969

表 1-17　科技活动课题概况（2016 年）

	课题数 （个）	课题投入 人员 （人年）	课题经费 内部支出 （万元）
总计	**125 121**	**399 975**	**17 670 439**
地方部门属	49 505	101 644	1 889 746
省级部门属	40 825	75 811	1 560 311
副省级市部门属	1695	4357	68 104
地市级部门属	6985	21 476	261 332
中央部门属	75 616	298 331	15 780 693

表 1-18　科技活动课题按行业分布（2016 年）

	课题数 （个）	课题投入 人员 （人年）	课题经费 内部支出 （万元）
总计	**125 121**	**399 975**	**17 670 439**
农、林、牧、渔业	30 916	55 162	1 061 753
采掘业	434	1365	42 143
制造业	14 491	122 297	6 517 999
电力、煤气及水的生产和供应业	1060	1820	71 571
建筑业	797	1742	29 782
交通运输、仓储及邮政业	1861	2204	60 067
信息传输、计算机服务和软件业	1507	5311	234 658
批发和零售业	24	62	408
住宿和餐饮业	2	3	28
金融业	147	221	4882
房地产业	39	77	1418
租赁和商务服务业	265	699	5688
科学研究、技术服务和地质勘查业	53 813	169 608	8 637 511
水利、环境和公共设施管理业	8888	14 209	443 835
居民服务和其他务业	184	566	41 053
教育	1329	1854	36 148
卫生和社会工作	6137	14 834	336 735
文化、体育和娱乐业	1098	2601	48 482
公共管理、社会保障和社会组织	2120	5324	96 065
国际组织	9	17	215

表 1-19　科技活动课题按地域分布（2016 年）

	课题数 （个）	课题投入人员 （人年）	课题经费内部支出 （万元）
总计	**125 121**	**399 975**	**17 670 439**
北京市	34 583	101 357	5 779 122
天津市	1914	10 512	367 561
河北省	1286	9660	272 410
山西省	1860	5012	98 342
内蒙古自治区	1037	3223	82 818
辽宁省	2769	13 514	477 261
吉林省	2773	7078	161 228
黑龙江省	2096	5914	83 918
上海市	10 336	29 312	2 338 018
江苏省	8451	24 337	1 359 308
浙江省	4628	9274	283 720
安徽省	1574	10 923	380 240
福建省	4072	5151	96 006
江西省	1059	5857	91 754
山东省	5235	13 150	290 801
河南省	1436	11 292	268 775
湖北省	4723	15 601	714 107
湖南省	1706	7539	205 605
广东省	8486	13 796	503 605
广西壮族自治区	2553	4460	77 401
海南省	1127	1857	39 278
重庆市	2562	4759	91 335
四川省	4007	33 806	1 731 797
贵州省	1733	4064	45 132
云南省	3502	7122	138 009
西藏自治区	167	475	12 596
陕西省	2686	29 393	1 410 820
甘肃省	3040	6220	166 565
青海省	673	730	21 006
宁夏回族自治区	472	557	12 736
新疆维吾尔自治区	2575	4032	69 165

表 1-20　R&D 课题按机构所属学科分布（2016 年）

	R&D 课题数 （个）	R&D 课题 参加人员全时当量 （人年）	R&D 课题 经费内部支出 （万元）
总计	100 925	343 624	15 925 368
数学	424	398	10 759
信息科学与系统科学	985	3200	232 302
力学	419	632	23 632
物理学	3912	7129	415 654
化学	3544	7084	204 805
天文学	1578	1684	73 626
地球科学	10 846	16 028	655 172
生物学	9878	13 547	425 987
心理学	192	369	8720
农学	16 314	27 508	555 746
林学	2597	4673	67 763
畜牧、兽医科学	2858	4763	105 231
水产学	1589	2796	66 739
基础医学	1389	3058	86 456
临床医学	2887	6595	192 869
预防医学与卫生学	1012	3405	55 696
军事医学与特种医学	27	60	4823
药学	1329	2421	90 096
中医学与中药学	2834	5467	87 829
工程与技术科学基础学科	2053	20 703	884 708
信息与系统科学相关工程与技术	785	1966	108 936
自然科学相关工程与技术	1629	3105	94 547
测绘科学技术	1596	2142	91 075
材料科学	3390	9622	258 783
矿山工程技术	139	515	8911
冶金工程技术	64	99	2329
机械工程	409	2327	64 948
动力与电气工程	707	4052	165 982
能源科学技术	824	2963	124 476
核科学技术	600	14 008	1 015 231
电子、通信与自动控制技术	2927	53 363	2 812 483
计算机科学技术	1661	6749	291 838
化学工程	644	1708	34 012

续表

	R&D 课题数 （个）	R&D 课题 参加人员全时当量 （人年）	R&D 课题 经费内部支出 （万元）
产品应用相关工程技术	143	265	4648
纺织科学技术	23	84	976
食品科学技术	516	913	19 325
土木建筑工程	279	903	21 213
水利工程	1967	2509	92 996
交通运输工程	1025	3406	182 481
航空、航天科学技术	2624	78 356	5 769 714
环境科学技术	4081	6469	202 630
安全科学技术	582	1617	53 783
管理学	860	2603	26 709
马克思主义	101	191	4003
哲学	145	213	3471
宗教学	76	136	1262
语言学	70	96	994
文学	186	341	6611
艺术学	155	497	6751
历史学	470	758	16 149
考古学	337	891	32 305
经济学	2041	3240	50 321
政治学	300	657	16 171
法学	568	506	14 623
军事学	84	653	4596
社会学	633	1442	20 699
民族学	384	658	15 287
新闻学与传播学	103	177	7818
图书馆、情报与文献学	391	793	13 707
教育学	569	719	9911
体育科学	139	291	2950
统计学	31	103	1099

二、自然科学和技术领域的研究与开发机构

表 2-1　机构、人员和经费概况按地域分布（2016 年）

	机构数（个）	从业人员总数（人）	科技活动人员（人）	科技经费筹集额（万元）	政府资金	企业资金	科技经费内部支出（万元）
总计	2907	728 703	567 726	33 626 347	26 920 919	1 857 175	29 008 175
北京市	284	154 527	136 404	11 800 258	9 830 344	550 582	9 157 657
天津市	53	16 258	12 792	584 122	449 056	70 682	551 403
河北省	66	21 902	12 156	491 387	453 925	877	462 064
山西省	131	15 205	11 510	273 414	211 886	27 168	273 478
内蒙古自治区	76	8896	6651	183 577	130 779	5053	198 592
辽宁省	127	20 933	19 045	877 115	735 724	59 409	815 944
吉林省	83	11 353	10 399	397 721	368 809	6576	367 839
黑龙江省	131	12 919	10 057	395 088	334 719	29 533	351 446
上海市	98	42 507	40 544	3 707 091	3 112 166	135 184	3 256 701
江苏省	115	56 258	36 452	2 142 965	975 250	127 806	2 075 162
浙江省	82	15 086	12 972	586 480	414 501	111 019	539 966
安徽省	79	21 222	14 092	558 712	427 544	18 769	518 887
福建省	84	7005	6833	257 177	225 093	17 815	274 961
江西省	101	12 212	8716	238 849	221 406	10 244	195 179
山东省	172	20 939	19 481	849 840	702 121	61 617	778 976
河南省	93	28 836	20 147	585 406	485 626	20 604	506 638
湖北省	106	27 352	21 376	1 426 355	1 100 793	98 414	1 136 716
湖南省	104	12 545	9470	368 922	287 985	49 989	294 306
广东省	174	27 922	21 319	1 138 634	778 633	144 288	1 040 130
广西壮族自治区	89	10 502	7687	253 170	213 978	4702	246 139
海南省	26	4268	2957	179 989	169 393	1934	184 809
重庆市	29	13 455	7911	277 969	236 395	9563	304 080
四川省	126	73 544	44 869	2 691 590	2 073 556	195 953	2 425 951
贵州省	71	5972	4883	132 403	105 512	721	141 187
云南省	91	11 137	9578	321 938	260 418	13 266	311 425
西藏自治区	14	1096	680	22 895	20 973	0	19 754
陕西省	92	58 300	42 108	2 250 664	2 073 083	56 272	2 046 889
甘肃省	88	8947	8508	371 050	288 355	18 344	302 860
青海省	18	1194	1405	44 147	38 703	854	38 641
宁夏回族自治区	12	507	508	21 773	21 117	559	17 751
新疆维吾尔自治区	92	5904	6216	195 648	173 076	9380	172 646

表 2-2　地方属机构、人员和经费概况按隶属关系分布（2016 年）

	机构数（个）	从业人员总数（人）	科技活动人员（人）	科技经费筹集额（万元）	政府资金	企业资金	科技经费内部支出（万元）
总计	2283	207 893	159 000	5 624 838	4 480 235	387 721	5 208 014
北京市	39	6183	5976	356 587	285 771	11 001	331 254
天津市	34	2630	2364	100 514	58 119	31 400	88 084
河北省	59	3253	2799	113 518	107 364	877	106 253
山西省	126	8688	7261	154 759	121 995	26 676	143 154
内蒙古自治区	68	6926	5246	116 831	107 462	3913	130 407
辽宁省	112	7435	5813	157 049	152 566	2661	142 593
吉林省	76	7555	5514	144 281	134 006	2589	141 657
黑龙江省	124	9872	8037	176 593	154 911	5074	164 091
上海市	47	6944	5450	336 644	198 679	14 841	299 961
江苏省	86	14 465	9505	463 492	383 569	32 619	418 126
浙江省	67	6608	6055	302 135	207 202	62 271	270 942
安徽省	70	3474	3017	96 353	79 722	2625	91 792
福建省	79	5447	4655	137 343	122 223	7429	138 458
江西省	97	7989	5579	121 839	115 377	2802	99 497
山东省	161	15 486	13 503	401 731	289 767	53 550	393 894
河南省	79	6316	5237	144 382	130 542	1943	126 993
湖北省	78	5402	3805	135 271	104 411	6594	114 334
湖南省	98	7567	5526	154 153	118 107	14 617	141 425
广东省	147	13 685	10 664	675 100	428 353	65 956	605 878
广西壮族自治区	87	9319	6639	209 797	190 970	4178	205 528
海南省	15	1582	905	36 582	33 881	656	33 365
重庆市	26	11 856	6532	238 003	205 728	5310	266 388
四川省	99	10 951	6607	190 441	167 990	5265	170 848
贵州省	63	3899	3369	78 770	75 391	721	68 520
云南省	81	6287	5496	177 687	142 905	10 042	152 056
西藏自治区	14	1096	680	22 895	20 973	0	19 754
陕西省	56	5825	3070	94 809	84 146	64	94 989
甘肃省	79	5098	4347	108 093	94 083	7013	88 043
青海省	16	757	689	20 503	19 524	0	18 821
宁夏回族自治区	12	507	508	21 773	21 117	559	17 751
新疆维吾尔自治区	88	4791	4152	136 912	123 383	4476	123 160

表 2-3 R&D 人员全时当量按地域分布（2016 年）

	R&D 人员全时当量（人年）	研究人员	按活动类型分布		
			基础研究	应用研究	试验发展
总计	372 943	261 786	78 563	118 096	176 284
北京市	92 501	63 957	28 108	30 884	33 509
天津市	9962	6054	681	3774	5507
河北省	8881	6157	729	3198	4954
山西省	4011	2986	841	1165	2005
内蒙古自治区	2501	1555	224	661	1616
辽宁省	13 362	9293	2743	4271	6348
吉林省	7258	4028	1493	2445	3320
黑龙江省	5822	4222	1728	1524	2570
上海市	27 974	17 502	6942	7880	13 152
江苏省	23 888	18 033	3058	9409	11 421
浙江省	6844	5110	881	2417	3546
安徽省	11 241	8180	3000	3404	4837
福建省	4075	2132	1463	1019	1593
江西省	5331	3186	364	1041	3926
山东省	12 602	9329	3286	4223	5093
河南省	10 553	7223	664	2897	6992
湖北省	14 356	11 430	3320	5128	5908
湖南省	6400	4173	688	2243	3469
广东省	13 347	9565	3775	3681	5891
广西壮族自治区	4119	2532	1110	1315	1694
海南省	1711	1018	744	390	577
重庆市	4689	2904	839	2043	1807
四川省	32 856	25 590	3015	7756	22 085
贵州省	2711	1983	914	489	1308
云南省	6653	4757	2239	1382	3032
西藏自治区	406	288	114	173	119
陕西省	28 702	20 765	2102	10 078	16 522
甘肃省	5868	4635	2311	1506	2051
青海省	518	368	191	193	134
宁夏回族自治区	370	305	55	78	237
新疆维吾尔自治区	3431	2526	941	1429	1061

表 2-4 地方属机构 R&D 人员全时当量按隶属关系分布（2016 年）

	R&D 人员全时当量（人年）	研究人员	按活动类型分布		
			基础研究	应用研究	试验发展
总计	76 175	47 088	12 208	21 441	42 526
北京市	3679	1958	894	1295	1490
天津市	1226	688	52	311	863
河北省	1210	900	84	216	910
山西省	1749	982	200	448	1101
内蒙古自治区	1694	880	140	400	1154
辽宁省	2192	1339	50	353	1789
吉林省	2485	820	192	558	1735
黑龙江省	4201	2886	942	1212	2047
上海市	2169	1203	136	839	1194
江苏省	4779	3081	378	2383	2018
浙江省	2622	1640	274	686	1662
安徽省	1749	1020	354	476	919
福建省	2447	1291	430	550	1467
江西省	2433	1539	353	626	1454
山东省	7471	5307	1993	2270	3208
河南省	2297	1551	56	489	1752
湖北省	1606	1016	151	217	1238
湖南省	3034	1947	507	648	1879
广东省	5724	3737	1190	1246	3288
广西壮族自治区	3283	1813	1030	1034	1219
海南省	496	266	101	173	222
重庆市	3390	1789	465	1478	1447
四川省	3010	1867	455	789	1766
贵州省	1667	1117	446	478	743
云南省	3320	2249	346	555	2419
西藏自治区	406	288	114	173	119
陕西省	1160	684	90	188	882
甘肃省	2187	1516	304	567	1316
青海省	72	21	5	42	25
宁夏回族自治区	370	305	55	78	237
新疆维吾尔自治区	2047	1388	421	663	963

表 2-5　R&D 经费内部支出按地域分布（2016 年）

	R&D 经费内部支出（万元）	按活动类型分			按资金来源分			
		基础研究	应用研究	试验发展	政府资金	企业资金	国外资金	其他资金
总计	22 048 458	3 190 969	6 153 176	12 704 313	18 028 943	882 525	38 226	3 098 763
北京市	7 098 929	1 300 178	2 065 176	3 733 575	6 133 774	232 433	16 271	716 451
天津市	444 452	35 397	133 354	275 701	356 095	15 749	343	72 266
河北省	369 972	5866	79 194	284 912	350 301	297	28	19 346
山西省	143 402	30 475	25 681	87 245	118 063	7737	117	17 485
内蒙古自治区	68 912	7474	18 505	42 934	60 345	169	0	8398
辽宁省	689 350	76 398	314 729	298 224	610 646	58 595	726	19 384
吉林省	283 754	49 376	96 562	137 816	274 155	4389	999	4211
黑龙江省	159 714	31 031	36 513	92 170	117 089	2129	33	40 463
上海市	2 748 404	345 933	650 559	1 751 912	2 447 082	76 619	7143	217 561
江苏省	1 573 602	89 436	479 877	1 004 289	577 285	90 732	1764	903 821
浙江省	338 301	63 221	91 914	183 166	245 731	55 063	558	36 949
安徽省	468 593	114 218	107 828	246 546	375 933	17 245	2088	73 326
福建省	179 099	66 110	53 998	58 991	128 506	5585	0	45 008
江西省	124 980	2899	17 149	104 932	112 079	7503	66	5332
山东省	452 451	122 452	113 957	216 043	376 098	19 601	1229	55 524
河南省	357 372	40 466	92 329	224 577	253 418	12 993	0	90 962
湖北省	706 459	98 052	350 843	257 564	547 573	44 574	746	113 566
湖南省	210 312	13 709	70 526	126 076	162 010	31 592	189	16 521
广东省	707 960	166 479	174 732	366 749	455 628	38 353	1463	212 516
广西壮族自治区	126 982	32 121	51 226	43 636	104 624	1245	55	21 059
海南省	107 324	43 708	41 834	21 782	79 899	219	370	26 837
重庆市	200 869	26 736	79 039	95 094	158 481	7088	16	35 285
四川省	2 153 409	139 298	364 330	1 649 781	1 860 320	103 108	861	189 120
贵州省	60 634	35 051	6384	19 200	35 704	406	305	24 220
云南省	246 674	83 068	45 588	118 017	196 474	13 381	1992	34 827
西藏自治区	10 229	2819	3078	4332	10 229	0	0	0
陕西省	1 659 785	48 497	491 638	1 119 649	1 567 613	19 011	72	73 089
甘肃省	230 951	88 486	50 936	91 529	195 493	14 322	775	20 361
青海省	18 729	7105	5720	5905	17 109	1600	0	20
宁夏回族自治区	12 346	986	1954	9405	12 308	0	0	38
新疆维吾尔自治区	94 510	23 924	38 023	32 563	88 880	789	20	4820

表 2-6 地方属机构 R&D 经费内部支出按隶属关系分布 (2016 年)

	R&D 经费内部支出 (万元)	按活动类型分			按资金来源分			
		基础研究	应用研究	试验发展	政府资金	企业资金	国外资金	其他资金
总计	2 403 283	321 875	646 291	1 435 117	1 836 260	60 877	4805	501 341
北京市	198 288	49 848	62 835	85 605	166 866	4410	649	26 363
天津市	53 185	1337	9229	42 619	33 345	1215	343	18 282
河北省	45 381	1545	8045	35 792	43 969	143	28	1241
山西省	30 914	2325	7097	21 492	24 755	0	0	6159
内蒙古自治区	45 843	4087	9453	32 304	43 426	169	0	2248
辽宁省	66 244	1160	9954	55 130	63 781	44	20	2400
吉林省	59 654	3950	13 627	42 077	54 121	1152	324	4057
黑龙江省	94 884	14 537	20 811	59 537	70 907	868	0	23 110
上海市	120 864	9535	39 518	71 811	104 298	1566	824	14 176
江苏省	162 915	10 182	69 052	83 681	101 598	4076	329	56 913
浙江省	110 002	7640	29 511	72 851	79 104	10 054	328	20 516
安徽省	45 362	8966	11 540	24 856	37 917	1514	68	5863
福建省	63 353	7563	13 460	42 330	53 630	770	0	8953
江西省	33 615	2878	6582	24 155	28 133	84	66	5332
山东省	168 770	36 076	57 546	75 148	127 072	5983	0	35 715
河南省	34 052	888	7401	25 764	27 281	1577	0	5195
湖北省	38 096	3225	6686	28 184	31 763	1724	300	4309
湖南省	60 575	5131	11 944	43 500	51 791	2488	0	6296
广东省	358 297	61 310	73 881	223 107	185 730	10 332	253	161 982
广西壮族自治区	103 597	27 603	36 759	39 235	83 799	1245	55	18 499
海南省	15 037	3142	5656	6239	14 316	0	0	721
重庆市	163 998	18 056	62 974	82 968	127 063	1644	6	35 285
四川省	73 898	9847	16 259	47 792	63 997	392	14	9495
贵州省	25 081	5642	6312	13 127	23 341	271	4	1466
云南省	101 940	9850	15 735	76 355	78 437	7913	944	14 647
西藏自治区	10 229	2819	3078	4332	10 229	0	0	0
陕西省	18 966	1204	2778	14 984	16 442	88	0	2436
甘肃省	36 344	3914	10 382	22 047	30 625	641	250	4829
青海省	1477	111	986	381	1143	335	0	0
宁夏回族自治区	12 346	986	1954	9405	12 308	0	0	38
新疆维吾尔自治区	50 077	6519	15 249	28 309	45 076	182	0	4820

表 2—7　科技活动课题按地域分布（2016 年）

	课题数 （个）	投入人员 （人年）	课题经费内部支出 （万元）
总计	114 193	378 216	17 305 760
北京市	29 681	92 351	5 601 454
天津市	1699	9830	351 121
河北省	1167	9240	265 793
山西省	1724	4572	84 442
内蒙古自治区	879	2885	76 779
辽宁省	2598	13 071	472 898
吉林省	2654	6652	156 880
黑龙江省	1928	5604	81 977
上海市	9340	28 047	2 308 140
江苏省	8302	24 114	1 354 066
浙江省	4402	8807	274 954
安徽省	1478	10 578	378 219
福建省	3811	4827	91 466
江西省	1001	5629	90 076
山东省	4860	12 723	287 213
河南省	1324	10 856	266 514
湖北省	4561	15 161	708 196
湖南省	1557	7167	198 695
广东省	7945	12 900	485 636
广西壮族自治区	2386	4096	74 554
海南省	1077	1742	38 868
重庆市	2292	4398	84 296
四川省	3653	32 842	1 725 342
贵州省	1607	3772	42 788
云南省	3285	6515	130 697
西藏自治区	159	434	11 735
陕西省	2584	29 019	1 408 474
甘肃省	2782	5617	157 668
青海省	655	668	20 508
宁夏回族自治区	386	378	9244
新疆维吾尔自治区	2416	3724	67 067

表 2-8　地方属机构科技活动课题按地域分布（2016 年）

	课题数 （个）	投入人员 （人年）	课题经费内部支出 （万元）
总计	43 394	89 029	1 701 814
北京市	2068	3416	121 183
天津市	629	1256	38 302
河北省	909	1673	28 295
山西省	1330	2758	28 262
内蒙古自治区	628	1853	39 324
辽宁省	633	2919	37 748
吉林省	1039	2881	31 214
黑龙江省	1534	4083	53 657
上海市	1850	3053	127 706
江苏省	3292	5497	158 335
浙江省	2624	3792	95 318
安徽省	902	1690	26 794
福建省	2619	3343	56 634
江西省	947	2749	21 092
山东省	2948	7794	105 302
河南省	876	2483	23 625
湖北省	1132	1865	33 207
湖南省	1217	3796	63 056
广东省	3651	6516	250 226
广西壮族自治区	2308	3600	51 027
海南省	268	512	7752
重庆市	1879	3761	71 061
四川省	1859	3930	49 289
贵州省	1130	2177	21 810
云南省	1583	3714	52 505
西藏自治区	159	434	11 735
陕西省	587	1836	13 694
甘肃省	893	2430	29 572
青海省	81	299	10 950
宁夏回族自治区	386	378	9244
新疆维吾尔自治区	1433	2542	33 894

三、社会、人文领域的研究与开发机构

表 3-1　机构、人员和经费概况按地域分布（2016 年）

	机构数（个）	从业人员总数（人）	科技活动人员（人）	经费收入总额（万元）	政府资金	经费支出总额（万元）	科技经费支出
总计	370	25 263	24 223	1 182 980	801 692	1 116 575	808 962
北京市	96	9406	9546	561 502	302 824	536 000	321 605
天津市	4	395	352	13 056	11 694	12 146	10 483
河北省	4	741	725	27 961	23 459	31 869	25 432
山西省	22	960	805	23 733	19 410	24 797	22 516
内蒙古自治区	11	493	463	23 920	22 404	23 764	22 195
辽宁省	14	664	584	15 639	13 477	15 983	12 820
吉林省	13	688	645	20 225	15 889	18 599	13 856
黑龙江省	12	558	467	13 065	10 515	13 122	9151
上海市	28	1289	1279	85 059	64 669	78 254	70 899
江苏省	8	410	390	20 853	20 075	18 163	13 425
浙江省	8	380	377	19 408	18 385	18 918	17 592
安徽省	9	383	336	13 415	8796	13 072	10 180
福建省	5	273	270	9728	9140	7860	7655
江西省	3	222	176	8468	8001	6130	5392
山东省	11	617	587	28 203	19 247	22 536	18 300
河南省	13	605	554	22 077	9402	17 502	15 544
湖北省	8	418	349	14 477	12 191	13 196	9723
湖南省	5	441	432	16 732	16 287	18 451	13 131
广东省	12	779	719	42 192	33 909	35 818	28 517
广西壮族自治区	10	402	386	10 003	8492	10 247	7933
海南省	0	0	0	0	0	0	0
重庆市	7	597	527	30 460	25 111	21 915	18 445
四川省	18	1078	921	41 172	23 308	36 122	27 682
贵州省	5	299	292	7971	6385	8491	7583
云南省	11	541	536	19 733	14 476	18 425	16 777
西藏自治区	2	143	138	4772	2932	4095	3995
陕西省	4	371	317	28 888	28 394	23 351	18 945
甘肃省	9	1312	1285	36 871	33 300	43 667	40 251
青海省	5	159	158	4895	4039	4606	4135
宁夏回族自治区	6	257	244	9633	9111	9069	8112
新疆维吾尔自治区	7	382	363	8873	6371	10 407	6688

表 3-2　机构、人员和经费概况按隶属关系分布（2016 年）

	机构数（个）	从业人员总数（人）	科技活动人员（人）	经费收入总额（万元）	政府资金	经费支出总额（万元）	科技经费支出
总计	370	25 263	24 223	1 182 980	801 692	1 116 575	808 962
地方部门属	280	16 507	15 425	689 038	531 376	625 369	518 125
省级部门属	197	13 156	12 343	538 665	430 188	495 065	422 376
副省级市部门属	21	951	871	37 305	30 054	38 489	27 394
地市级部门属	62	2400	2211	113 068	71 133	91 815	68 355
中央部门属	90	8756	8798	493 942	270 316	491 206	290 837
中国社会科学院	36	3076	3170	153 904	109 415	146 590	107 834

表 3-3　机构、人员和经费概况按机构中从事科技活动人员规模分布（2016 年）

	机构数（个）	从业人员总数（人）	科技活动人员（人）	经费收入总额（万元）	政府资金	经费支出总额（万元）	科技经费支出
总计	370	25 263	24 223	1 182 980	801 692	1 116 575	808 962
500～999 人	3	2795	2055	137 550	42 073	156 920	52 052
300～499 人	4	1489	1415	70 456	49 570	66 098	61 312
200～299 人	12	3185	2974	115 675	99 384	108 594	90 646
100～199 人	40	6242	5731	308 677	235 953	284 387	218 874
50～99 人	61	4523	4517	282 098	182 187	244 213	185 829
30～49 人	85	3574	4636	152 888	112 369	143 953	117 883
20～29 人	73	1939	1782	63 616	50 843	62 694	56 628
10～19 人	66	1023	952	29 210	24 762	28 151	22 236
0～9 人	26	493	161	22 810	4552	21 565	3502

表 3-4 机构、人员和经费概况按机构所属学科分布（2016 年）

	机构数（个）	从业人员总数（人）	科技活动人员（人）	经费收入总额（万元）	政府资金	经费支出总额（万元）	科技经费支出
总计	370	25 263	24 223	1 182 980	801 692	1 116 575	808 962
马克思主义	6	878	829	34 289	30 344	29 624	25 600
哲学	6	1204	1109	34 933	28 221	32 954	28 064
宗教学	2	96	87	3932	3153	3788	3174
语言学	2	98	93	9790	3327	8538	5550
文学	4	295	295	13 407	8527	13 204	9129
艺术学	40	2077	1595	85 060	52 013	86 263	50 739
历史学	8	666	649	30 552	23 111	28 915	21 104
考古学	27	2828	2563	193 127	113 248	166 515	134 870
经济学	97	4444	4254	191 577	135 848	183 931	149 861
政治学	8	491	528	21 956	18 008	20 667	14 132
法学	10	696	652	34 992	22 460	36 122	30 712
社会学	60	5503	6386	230 124	191 426	213 464	176 576
民族学与文化学	10	466	447	15 610	13 186	15 144	12 450
新闻学与传播学	7	388	372	17 343	12 569	14 712	10 754
图书馆、情报与文献学	3	1263	640	85 597	1505	97 532	3807
教育学	43	2710	2501	137 704	108 681	121 662	96 492
体育科学	31	1084	1140	40 945	34 546	41 544	34 554
统计学	6	76	83	2041	1519	1998	1398

四、科技信息与文献机构

表 4-1　机构、人员和经费概况按地域分布（2016 年）

	机构数 （个）	从业人员 总数 （人）	科技活动 人员 （人）	经费收入 总额 （万元）	政府资金	经费支出 总额 （万元）	科技经费 支出
总计	334	14 828	12 915	619 312	455 205	559 185	454 353
北京市	16	3205	2325	238 886	175 084	195 681	156 143
天津市	4	575	573	30 819	21 580	28 379	24 755
河北省	10	257	235	8491	6394	9226	7663
山西省	12	314	306	5269	4370	4839	4401
内蒙古自治区	11	208	196	4225	3162	4054	2914
辽宁省	17	547	511	10 704	7615	10 806	7294
吉林省	10	284	273	7549	5518	8028	6041
黑龙江省	11	295	256	6739	6046	6160	4196
上海市	8	1074	1024	70 111	56 388	66 234	63 408
江苏省	12	543	516	19 880	15 669	18 395	14 179
浙江省	11	327	309	18 281	15 316	18 850	17 434
安徽省	12	382	341	10 739	8094	10 891	8774
福建省	13	363	347	7924	6996	8372	6879
江西省	13	298	267	6194	5438	5903	3740
山东省	21	661	607	16 262	14 671	17 265	15 359
河南省	16	350	322	7818	5072	7450	5281
湖北省	9	586	561	19 145	13 953	15 158	11 333
湖南省	14	282	272	6535	4895	5745	4597
广东省	16	926	731	38 820	17 453	36 760	24 713
广西壮族自治区	19	483	454	11 278	8379	10 954	8677
海南省	2	413	221	7848	2143	6398	2936
重庆市	1	68	68	1739	1191	2629	2288
四川省	26	822	760	23 208	17 361	21 476	18 051
贵州省	6	158	154	3897	2393	3945	2579
云南省	12	317	296	7848	6260	7965	7408
西藏自治区	1	36	27	2618	2099	2618	2099
陕西省	10	338	302	7577	5721	7312	5853
甘肃省	9	372	347	10 324	8585	9049	7835
青海省	2	42	39	761	550	740	653
宁夏回族自治区	3	94	93	2676	2444	2481	2060
新疆维吾尔自治区	7	208	182	5147	4367	5425	4811

表 4-2　机构、人员和经费概况按隶属关系分布（2016 年）

	机构数（个）	从业人员总数	科技活动人员（人）	经费收入总额（万元）		经费支出	
					政府资金	总额（万元）	科技经费支出
总计	334	14 828	12 915	619 312	455 205	559 185	454 353
地方部门属	314	10 742	9908	349 037	260 789	337 431	279 289
省级部门属	88	6529	6032	255 835	187 056	245 148	210 010
副省级市属	16	830	678	29 686	18 423	29 268	17 591
地市级部门属	210	3383	3198	63 516	55 310	63 015	51 688
中央部门属	20	4086	3007	270 275	194 416	221 754	175 063
中国科学院	4	586	587	51 919	29 575	49 098	43 861
中国社会科学院	1	119	116	12 512	10 848	13 191	11 527

表 4-3　中央属机构、人员和经费概况按部门分布（2016 年）

	机构数（个）	从业人员总数（人）	科技活动人员（人）	经费收入总额（万元）		经费支出	
					政府资金	总额（万元）	科技经费支出
总计	20	4086	3007	270 275	194 416	221 754	175 063
科学技术部	1	492	246	53 337	44 448	25 893	17 527
公安部	1	52	47	2169	1256	2144	1725
农业部	2	703	495	30 006	21 866	25 539	20 916
国土资源部	1	186	183	19 406	19 137	13 959	11 794
卫生部	1	253	247	19 806	18 286	19 041	17 794
国家海洋局	1	366	375	20 206	15 928	17 958	15 161
国家林业局	1	141	119	6088	3995	7591	6532
国家体育总局	1	67	67	3834	2385	3765	3196
国家烟草专卖局	1	32	22	1000	0	320	320
国家食品药品监督管理局	1	79	79	4752	3570	4767	4158
国家中医药管理局	2	140	152	8474	5834	7293	6303
中国科学院	4	586	587	51 919	29 575	49 098	43 861
中国社会科学院	1	119	116	12 512	10 848	13 191	11 527
中国机械工业联合会	1	746	185	31 036	13 865	25 701	9942
中国建筑材料工业联合会	1	124	87	5730	3423	5495	4309

表 4-4　地方属机构、人员和经费概况按地域分布（2016 年）

	机构数（个）	从业人员总数（人）	科技活动人员（人）	经费收入总额（万元）	政府资金	经费支出总额（万元）	科技经费支出
总计	314	10 742	9908	349 037	260 789	337 432	279 289
北京市	2	200	195	8892	7237	8312	8024
天津市	3	209	198	10 613	5652	10 421	9593
河北省	10	257	235	8491	6394	9226	7663
山西省	12	314	306	5269	4370	4839	4401
内蒙古自治区	11	208	196	4225	3162	4054	2914
辽宁省	17	547	511	10 704	7615	10 806	7294
吉林省	10	284	273	7549	5518	8028	6041
黑龙江省	11	295	256	6739	6046	6160	4196
上海市	8	1074	1024	70 111	56 388	66 234	63 408
江苏省	12	543	516	19 880	15 669	18 395	14 179
浙江省	11	327	309	18 281	15 316	18 850	17 434
安徽省	12	382	341	10 739	8094	10 891	8774
福建省	13	363	347	7924	6996	8372	6879
江西省	13	298	267	6194	5438	5903	3740
山东省	21	661	607	16 262	14 671	17 265	15 359
河南省	15	318	300	6818	5072	7130	4961
湖北省	8	487	462	15 839	11 761	12 410	9261
湖南省	14	282	272	6535	4895	5745	4597
广东省	16	926	731	38 820	17 453	36 760	24 713
广西壮族自治区	19	483	454	11 278	8379	10 954	8677
海南省	1	29	25	1010	1010	1103	1096
重庆市	1	68	68	1739	1191	2629	2288
四川省	25	729	673	18 685	14 289	17 196	14 249
贵州省	6	158	154	3897	2393	3945	2579
云南省	12	317	296	7848	6260	7965	7408
西藏自治区	1	36	27	2618	2099	2618	2099
陕西省	10	338	302	7577	5721	7312	5853
甘肃省	8	265	249	5915	4342	5266	4084
青海省	2	42	39	761	550	740	653
宁夏回族自治区	3	94	93	2676	2444	2481	2060
新疆维吾尔自治区	7	208	182	5147	4367	5425	4811

表 4-5 机构、人员和经费概况按国民经济行业分布（2016 年）

	机构数（个）	从业人员总数（人）	科技活动人员（人）	经费收入总额（万元）	政府资金	经费支出总额（万元）	科技经费支出
总计	334	14 828	12 915	619 312	455 205	559 185	454 353
农、林、牧、渔业	23	1592	1339	57 968	41 729	53 300	43 116
制造业	9	1027	394	40 506	19 495	34 268	17 059
科学研究和技术服务业	273	9844	8970	386 784	286 960	339 239	274 068
居民服务、修理和其他服务业	1	22	22	790	790	797	752
卫生和社会工作	18	953	855	47 805	35 274	49 281	42 312
文化、体育和娱乐业	7	1248	1194	78 269	65 949	75 094	70 979
公共管理、社会保障和社会组织	3	142	141	7190	5009	7206	6066

表 4-6 机构、人员和经费概况按机构中从事科技活动人员规模分布（2016 年）

	机构数（个）	从业人员总数（人）	科技活动人员（人）	经费收入总额（万元）	政府资金	经费支出总额（万元）	科技经费支出
总计	334	14 828	12 915	619 312	455 205	559 185	454 353
500～999 人	1	754	729	50 339	43 532	47 655	47 524
300～499 人	1	366	375	20 206	15 928	17 958	15 161
200～299 人	6	1792	1525	147 839	112 803	112 466	96 772
100～199 人	19	3411	2464	158 762	100 251	143 834	102 047
50～99 人	36	2884	2638	106 724	75 484	103 752	86 389
30～49 人	53	2236	2067	67 822	50 682	66 564	51 646
20～29 人	47	1211	1109	26 004	21 169	24 969	20 635
10～19 人	119	1802	1694	35 275	29 869	35 323	28 988
0～9 人	52	372	314	6341	5487	6664	5190

表 4-7 电子信息利用（2016 年）

	次数 （次）	机时 （小时）	信息量 （兆字节）
数据库检索	24 337 9445	10 395 384	22 744 1747
网络信息检索	28 602 439	6 659 311	23 035 9681
电子期刊利用	35 819 994	4 906 588	11 520 6676
从网上获取信息	81 119 1466	7 108 482	57 138 6136
向网上发布信息	4 980 561	647 405	31 228 221

表 4-8 馆藏资源（2016 年）

	单位	馆藏累计	当年新增量	当年剔除量
图书、资料	册	72 285 668	1 010 499	165 660
其中：外文会议录	册	696 493	11 574	55
外文科技报告	册	1 449 374	15 382	0
期刊	种	7 784 817	5 012 880	39 111
其中：外文原版期刊	种	6 427 070	5 002 012	766
缩微制品	盒（张）	13 869 269	1522	1
音像制品	盒（张）	336 611	7565	227
电子期刊	种	567 231	112 481	51

表 4-9 数据库（2016 年）

		数据库 （个）	数据记录量 （万条）	当年更新量
引进国外 数据库	书目文摘型	507	11 225 668	819 924
	全文文献型	1465	1 853 111	47 008
	数值型	229	6505	466
	多媒体型	10	217	1
引进国内 数据库	书目文摘型	777	1 842 703	260 185
	全文文献型	1911	26 692 1149	62 504 972
	数值型	241	113 193	7430
	多媒体型	603	13 496	1176
自建 数据库	书目文摘型	458	85 787	9343
	全文文献型	450	10 163 495	27 659
	数值型	277	181 404	15 130
	多媒体型	43	3469	266

表 4-10　基础设施（2016 年）

	单位	累计总量	当年新增量	当年报废量				数量
计算机有关设备	台	40 406	2999	1971	自建	网络数	个	1704
其中：大、中型机	台	704	72	59	网络	网上用户数	个	37 328 6406
小型机	台	3111	201	70	对外	DIALOG	个	2470
微机	台	25 020	2135	1470	联网	STN	个	100
终端	台	3646	231	189	网上	OCLC	个	1105
扫描设备	台	1678	114	84	用户	INTERNET	个	87 222 615
复印机	台	1357	134	66	数量	其他	个	
摄、录像机	台	1001	97	31				
印刷设备	台	430	40	20				

表 4-11　信息服务与文献工作（2016 年）

	单位	数量				单位	数量
阅览	人次	29 894 363	文献信息	文摘		篇	35 944 290
外借	人次	2 171 991	加工	数据库数据加工		条	25 452 438
资料复制	千页	607 602	声像制作			部	1942
读者咨询	人次	984 375	翻译	中译外		万字	3 268 635
缩微制作	张（卷）	7934		外译中		万字	2 736 535
课题检索	个	56 220	出版印刷	图书、资料		万字	18 359
查新	项	126 738		连续出版物		万字	156 216
专题咨询服务	次	37 175		其中：电子版		种	323
信息分析研究报告	篇	11 002		科技报告		种	1173

五、县属研究与开发机构

表 5-1 历年县属研究与开发机构概况

	单位	2008 年	2009 年	2010 年	2011 年	2012 年	2013 年	2014 年	2015 年	2016 年
机构数	个	1246	1224	1202	1183	1150	1126	1113	1072	1021
从业人员	人	29 118	27 538	26 369	25 807	23 606	23 036	22 428	21 497	19 184
科技活动人员	人	15 289	15 338	14 772	14 665	14 119	14 336	14 261	13 715	13 082
科技经费筹集额	万元	87 645	103 138	100 615	115 933	139 398	143 590	151 305	167 298	190 109
政府资金	万元	75 986	91 096	93 663	108 765	130 258	134 487	141 459	154 450	183 502
企业资金	万元	2953	4518	2092	2507	1884	2006	6073	4814	998
借贷款[①]	万元	430	463	289	358	432	521	3773	145	940
生产经营收入	万元	38 726	39 194	37 302	41 180	42 623	55 954	54 558	57 982	34 713
科技经费支出额	万元	83 106	96 034	99 928	121 856	130 457	141 649	146 775	154 003	170 168
人员费用	万元	41 713	54 000	57 103	71 585	78 357	83 236	93 724	98 329	109 228
其他日常支出	万元	33 390	28 914	29 627	34 699	34 392	37 223	35 067	40 590	42 304
资产购建支出	万元	8003	13 120	13 198	15 572	17 708	21 190	17 984	15 084	18 637
科研仪器设备	万元	5969	9764	8681	11 560	11 793	14 836	11 530	11 371	12 389
生产经营支出	万元	33 711	26 558	26 120	32 295	37 925	27 746	47 887	57 886	30 936
课题数	个	1493	1515	1384	1364	1296	1280	1177	1230	1077
课题经费支出	万元	19 266	19 082	19 930	28 518	24 928	27 877	23 441	29 548	40 665
课题投入人员	人年	4277	5297	4433	4602	4227	4436	4319	4546	4034
R&D 经费	万元	5646	7207	6756	7962	10 357	11 137	11 379	14 774	23 589
R&D 人员	人年	880	1274	1292	1213	1515	1715	1755	2097	2203

注：① 2014 年及其之前年份此指标指的是银行贷款，2015 年和 2016 年指的是用于科技活动的借贷款。

表 5-2 机构、人员和经费概况按地域分布（2016 年）

	机构数 （个）	从业人员 总数 （人）	科技活动 人员	经费收入 总额 （万元）	政府资金	经费支出 总额 （万元）	科技经费 支出
总计	1021	19 184	13 082	268 403	183 502	254 799	170 168
北京市	26	749	570	19 494	14 518	19 642	14 623
天津市	28	578	514	10 741	9693	9940	8583
河北省	0	0	0	0	0	0	0
山西省	18	490	166	8683	1419	8327	1295
内蒙古自治区	7	123	95	1480	1129	1499	1096
辽宁省	39	661	583	9790	8846	10 005	8447
吉林省	10	121	105	1660	1084	1645	1062
黑龙江省	12	172	117	1221	1143	1220	935
上海市	16	877	794	40 731	32 177	35 787	26 728
江苏省	31	590	467	11 385	9184	10 285	6544
浙江省	41	445	381	17 299	14 811	13 361	11 586
安徽省	42	897	624	11 775	6774	11 906	7483
福建省	63	392	340	4399	3872	4557	3604
江西省	75	1524	619	15 186	5565	13 225	5493
山东省	37	537	475	4466	4045	4406	3033
河南省	85	2251	1316	9712	7157	9515	7610
湖北省	105	1364	832	15 644	5146	16 483	6198
湖南省	82	1749	1079	14 878	9253	13 403	10 630
广东省	117	1838	1033	21 539	14 623	21 600	13 310
广西壮族自治区	49	542	351	5502	3854	5750	3410
海南省	19	518	360	4114	2721	4102	2405
重庆市	10	130	119	1689	1402	2094	1521
四川省	21	365	223	7633	2274	8489	2325
贵州省	6	84	75	1330	1256	1203	1031
云南省	12	219	210	3604	2679	3119	2522
西藏自治区	0	0	0	0	0	0	0
陕西省	64	1887	1549	20 003	16 162	18 796	14 480
甘肃省	0	0	0	0	0	0	0
青海省	1	16	16	216	156	216	156
宁夏回族自治区	1	31	34	3495	2225	3495	3495
新疆维吾尔自治区	4	34	35	735	337	731	565

表 5-3　机构、人员和经费概况按国民经济行业分布（2016 年）

	机构数（个）	从业人员		经费收入		经费支出	
		总数（人）	科技活动人员	总额（万元）	政府资金	总额（万元）	科技经费支出
总计	1021	19 184	13 082	268 403	183 502	254 799	170 168
农、林、牧、渔业	790	15 323	10 435	194 073	143 197	186 429	130 491
采矿业	1	10	2	13	13	13	7
制造业	27	316	282	5344	3328	4699	3832
信息传输、计算机服务和软件业	2	172	160	1655	1655	1655	687
金融业	1	26	26	1025	747	999	43
科学研究、技术服务和地质勘查业	161	1986	1495	35 584	24 973	34 021	25 685
水利、环境和公共设施管理业	16	326	240	3963	2812	3933	2961
居民服务和其他服务业	2	84	34	1797	38	1752	165
教育	2	43	43	1750	826	1747	615
卫生和社会工作	15	872	339	22 858	5623	19 173	5397
文化、体育和娱乐业	3	20	20	239	239	276	241
公共管理、社会保障和社会组织	1	6	6	102	49	102	44

表 5-4　机构、人员和经费概况按机构中从事科技活动人员规模分布（2016 年）

	机构数（个）	从业人员		经费收入		经费支出	
		总数（人）	科技活动人员	总额（万元）	政府资金	总额（万元）	科技经费支出
总计	1021	19 184	13 082	268 403	183 502	254 799	170 168
100～199 人	3	403	377	12 405	6001	12 025	4935
50～99 人	27	2236	1832	46 610	39 269	41 617	31 211
30～49 人	56	2700	2119	47 619	26 918	47 592	29 207
20～29 人	93	3253	2187	49 422	30 272	44 758	25 968
10～19 人	270	5362	3711	58 343	45 103	58 777	45 695
0～9 人	572	5230	2856	54 004	35 939	50 031	33 153

附件一　调查概述

一、调查目的

政府部门属科技机构是我国开展科技活动的重要部门。科技部自 1985 年起，每年对我国县及县以上政府部门属国有独立的科学研究与技术开发机构（简称研究与开发机构）、科技信息和文献机构进行全面调查，目的是反映其拥有的科技人力、财力资源状况、科技活动状况，为国家科技资源的合理配置及国家科技政策与科技规划的制定提供翔实的统计数据。同时为反映研究机构改革进展情况，我们对转制机构进行了跟踪调查。

二、调查范围

1. 全国政府部门属国有独立的科学研究与技术开发机构，包括以下几种类型机构。

①县以上部门属自然科学与技术领域研究与开发机构。

②县以上部门属社会、人文科学领域研究与开发机构。

③县以上部门属科技信息与文献机构。

上述机构的统计范围为国务院各部门（包括中国科学院和中国社会科学院）和各省、自治区、直辖市、地区（市）各部门所属的国有独立科技机构。这类机构应在行政上有独立的组织形式，财务上独立核算，有权与其他单位签订合同，并在银行有独立的户头。

④县属研究与开发机构。统计范围为全国县属的全民所有制独立科学研究与技术开发机构。

2. 转制科学研究与技术开发机构：指报告期前转制到位的国务院各部门及有关单位、各省、自治区、直辖市、地区（市）属具有法人地位的政府部门属独立科学研究与技术开发机构。

附件二　主要指标说明

一、县以上部门属研究与开发机构

1. 从业人员： 指在本机构工作并取得工资或其他形式的劳动报酬的全部人员。同劳动综合统计报表制度的口径范围一致。

2. 科技活动人员： 包括从业人员、研究生和外聘人员中的从事科技活动的人员。从业人员中的科技活动人员由科技管理人员、课题活动人员、科技服务人员三部分组成。

科技管理人员：指院、所领导及业务、人事管理人员。包括直接从事科技计划管理、课题管理、成果管理、专利管理、科技统计、科技档案管理、科技外事工作、人事管理、教育培训、财务等与科技活动有关的人员。

课题活动人员：指编制在研究室或课题组的人员。

科技服务人员：指直接为科技工作服务的各类人员，如从事图书、信息与文献、测试、试制、咨询、物资器材供应等工作的人员，以及实验室、试验工厂（车间）、试验农场的人员。不包括司机、门卫、食堂人员、医务人员、清洁工、幼儿园、托儿所的工作人员，以及主要从事生产、经营活动的人员。

3. 研究人员： 指从事新知识、新产品、新工艺、新方法、新系统的构想或创造的专业人员及 R&D 课题的高级管理人员。

4. 从事生产经营活动人员： 主要从事定型产品的批量生产、单位内部招待所、商店、出版印刷等生产、经营和对外服务活动的人员，在机构下属经济实体中的院所编制人员也应包括在内。

5. 其他科技人员： 指具有大、中专毕业学历或具有初级技术职称（务）人员。

6. 政府资金： 指用于本机构的、由各级政府部门直接拨款或企事业单位利用政府资金委托本机构从事科学技术活动所获得的收入，包括财政补助收入、承担政府科研项目收入、政府其他拨款和基本建设投资。

财政补助收入：指由中央或地方财政通过预算的形式拨给本机构的经费，包括正常经费和专项经费。单位收到由财政部门拨给主管部门和上级单位转拨的科学事业费，以及由财政部门拨给上级主管部门和上级单位以科研课题或项目下达的科学事业费，均属财政预算拨款。

承担政府科研项目收入：指本机构为了开展科学研究、新产品试制、中间试验、科技成果示范性推广等科技活动，通过签订协议、合同或其它形式申请并获得的政府经费，包括课题专项、设备专项和其它专项。

政府其他拨款：除上述各项以外的政府拨款。包括财政部门拨入的专款，如特殊津贴、博士后费用等。

基本建设投资：指本机构当年按照国家基本建设管理制度规定用于基本建设的投资实际完成额（不包括自筹资金）。

7. 技术性收入：指本机构从事科学技术活动所获得的非政府资金（毛收入），如企事业单位和社会团体利用自有资金委托本机构开展科学技术活动所提供的资金。

8. 生产经营活动收入：指本机构在科研、技术等专业业务活动以外开展非独立核算的经营活动取得的收入，包括产品（商品）销售收入、经营服务收入、工程承包收入、租赁收入和其他经营收入。

9. 科技活动经费内部支出：指在本机构范围内当年为开展科技活动所实际开支的费用，不管资金来源如何。包括人员费用、科研业务费、公务费、设备购置费、经营支出和其他支出；此经费支出为内部支出性质，不包括转拨外单位的相应支出。

人员费用：指本机构以货币和实物形式直接或间接支付给本机构人员的全部费用。包括基本工资、补助工资和其他工资；包括缴拨的工会经费、提取的工作人员福利费、独生子女保健费及各项补贴、长休人员工资、职工探亲旅费及职工死亡丧葬费和遗属补助；包括支付给离退休人员的离退休金，交纳的各项社会保险费，包括社会养老保险、待业保险、医疗保险、住房公积金等各项开支；包括支付给研究生的助学金、奖学金等开支。

设备购置费：指本机构使用非基建投资购建用于科技活动的固定资产实际支出额，固定资产指长期使用而不改变原有的实物形态且单位价值在规定标准以上的主要物资设备。如科研仪器设备、图书资料、实验材料和标本及其他设备和家俱、房屋和建筑物。

其他日常支出：指本机构用于科学研究与技术开发活动的全部实际消耗性支出，但不包括人员费用和设备购置费。例如，用于研究与开发的原材料费、水电能源费、差旅费、加工试验费、设备使用费、计算机机时费、资料印刷费等。培训研究生的消耗性支出也一并统计。

10. 生产经营活动支出： 指用于生产、经营活动的全部实际消耗性支出。包括人员费用、设备购置费、原材料费、加工费等，以及销售过程中发生的各种支出和经营行为有关的各项税金。

11. 其他支出： 指本机构除上述各项以外的支出。

12. 固定资产： 指能在较长时间内使用，消耗其价值，但能保持原有实物形态的设施和设备，如房屋和建筑物等。作为固定资产应同时具备两个条件：即耐用年限在一年以上，单位价值在规定标准以上的财产、物资。

科研房屋建筑物： 指可直接用于科技活动的各种建筑设施。包括实验楼、实验室、实验性工厂（车间）、农场的有关建筑设施、学术报告场所、科技管理的办公建筑、科技器材物资仓库。不包括食堂、职工宿舍等福利性建筑。若以上各种建筑设施不是用于单一目的，按比例折算分别统计。

科研仪器设备： 指从事科技活动的人员直接使用的科研仪器设备。不包括与基建配套的各种动力设备、机械设备、辅助设备，也不包括一般运输工具（科学考察用交通运输工具除外）和专用于生产的仪器设备。若是科研与生产共用的仪器设备，则按其使用目的，统计在主要一方。

13. 课题类型

研究与发展（即"R&D"）： 为了增进知识，以及利用这些知识去开创新的用途而进行的系统的创造性的工作。它具备4种基本因素：①创造性的因素；②新颖性或创新的因素；③科学方法的运用；④新知识的产生。它包括3种类型：①基础研究；②应用研究；③试验发展。

基础研究： 为获得新知识而进行的独创性研究。其目的是揭示观察到的现象和事实的基本原理和规律，而不以任何特定的实际应用为目的。

应用研究： 为获得新的科学技术知识而进行的独创性研究。它主要针对某一特定的实际应用目的。应用研究通常是为了确定基础研究成果或知识的可能用途，或是为达到某一具体的、预定的实际目的确定新的方法（原理性）或途径。

*区分基础研究和应用研究的主要标志： 具有特定的实际应用目的的研究属于后者。

试验发展： 利用从研究或实际经验获得的知识，为生产新的材料、产品和装置，建立新的工艺和系统，以及对已生产或建立的上述各项进行实质性的改进而进行的系统性工作。

*区分科学研究（基础研究和应用研究）与试验发展的主要标志： 前者主要是为了增加科学技术知识，后者则是为了开辟新的应用（如新材料或新技术）。

*区分科学研究与试验发展（即R&D）与其他有关活动的主要标志： 具有创新成分的活

动归于前者。

研究与试验发展成果应用：为解决 R&D 活动阶段产生的新产品、新装置、新工艺、新技术、新方法、新系统和服务等能投入生产或在实际中运用所存在的技术问题而进行的系统性活动。它不具有创新成分。此类活动包括为达到生产目的而进行的定型设计和试制，以及扩大新产品生产规模和新方法、新技术、新工艺等的应用领域而进行的适应性试验。

科技服务：与科学研究与试验发展有关，并有助于科学技术知识的产生、传播和应用的活动。包括为扩大科技成果的使用范围而进行的示范性推广工作；为用户提供科技信息和文献服务的系统性工作；为用户提供可行性报告、技术方案、建议及进行技术论证等技术咨询工作；自然、生物现象的日常观测、监测、资源的考察和勘探；有关社会、人文、经济现象的通用资料的收集，如统计、市场调查等，以及这些资料的常规分析与整理；为社会和公众提供的测试、标准化、计量、计算、质量控制和专利服务，不包括工商企业为进行正常生产而开展的上述活动。

14. 课题投入人员：指当年实际参加课题活动的所有全时人员加非全时人员投入课题的工作量总和，以人年计算。"全时人员"为投入课题的时间与本人所工作总时间之比在 0.9 以上（含 0.9）的人员，一个全时人员投入课题的工作量计为 1 人年；"非全时人员"为相应比重在 0.1～0.9（不含 0.1）的人员，这部分人员投入的工作量按实际数量折算为人年数。

15. 社会—经济目标：以课题实施的最终目标或目的为基础进行分类，与课题委托方的职责无关。包括农业、林业和渔业的发展，促进工业的发展，能源的生产和合理利用，基础设施的发展，环境治理与保护，卫生（不包括污染），社会发展和社会服务，地球和大气层的探索与利用，知识的全面发展，民用空间，国防 11 个目标。

16. R&D 人员：指参加 R&D 课题的人员、R&D 活动管理人员和为 R&D 活动提供直接服务的人员，不包括为 R&D 活动提供间接服务的人员（如生活服务人员），也不包括全年从事 R&D 活动工作量不到 0.1 年的人员。

R&D 全时人员：指本年度从事 R&D 活动的工作量在 0.9 年以上（含 0.9 年）的人员数。

R&D 非全时人员：指本年度从事 R&D 活动的工作量在 0.1～0.9 年的人员数。工作量不到 0.1 年不计在内。

17. R&D 人员折合全时工作量：指全时人员折合全时工作量与所有非全时人员工作量之和。一个全时人员的折合全时工作量计为 1，非全时人员按实际投入工作量进行累加。

18. R&D 经费内部支出：指当年为进行 R&D 活动而实际用于本机构内的全部支出，应按"全成本核算"的口径进行计量。包括劳务费、其他日常支出、仪器设备购置费、土地使用和建造费等。不包括与外单位合作研究而拨给对方使用的经费。

劳务费：是指以现金或实物形式支付给 R&D 人员（见"R&D 人员"指标说明）的工资、薪金，以及所有其他的劳务费用，如奖金、奖金税、社会保障支出（未参加社会养老保险的单位，用离退休人员费替代）等。

设备购置费：是指当年本机构为开展 R&D 活动在经常费中支出的仪器设备（使用年限 1 年以上且单位价值在规定标准以上的仪器设备购置）购置费；为开展此活动专用购买的设备费应计入此项；为几类科技活动公用而购买的设备费，按 R&D 活动实际使用（或预计使用）的时间分摊到此项中。

其他日常支出：是指当年直接或间接用于开展该活动的全部实际消耗支出，包括业务费和管理费。例如，原材料费、水电能源费、期刊书报资料费、加工实验费、设备使用费、计算机机时费、资料印刷费、差旅费、修缮费、非基建设备购置费、房租等。计算 R&D 活动日常支出时，应将整个单位的公共管理费、公用非科研仪器设备购置费等，分摊到机构相应的 R&D 活动的日常支出中。

仪器设备费：是指当年本机构为开展 R&D 活动在基建投资中支出的仪器设备（使用年限 1 年以上且单位价值在规定标准以上的仪器设备购置）购置费；为开展此活动专用购买的设备费应计入此项；为几类科技活动公用而购买的设备费，按 R&D 活动实际使用（或预计使用）的时间分摊到此项中。

土建费：是指当年为开展 R&D 活动在基建投资中支出的土地使用费、房屋和试验场所等的建造费，以及用于对建筑和固定设施进行大规模改建、改装和修理，土地改良工作等的费用。为开展此活动专用基建的费用含在此项内；为公共目的而建的办公大楼实验室等费用可按人均占有面积乘以此类活动的人员所占的比例推算 R&D 活动的土建费。

19. R&D 经费的外部支出：指本机构委托外单位或与外单位合作进行 R&D 活动而拨给对方的经费额。

20. 科技论文：指在全国性学报或学术刊物上、省部属大专院校对外正式发行的学报或学术刊物上发表的论文，以及向国外发表的论文。

国外发表：包括在各种国际性学术会议、讨论会、讲座上以外文或外文摘要形式发表的论文，以及编入国际会议文集的论文和国际学术刊物（包括中国向国外发行的科技学术刊物）上发表的论文。

21. 科技著作：指经过正式出版部门编印出版的科技专著、大专院校教科书、科普著作。

22. 专利申请受理：指当年本机构向专利管理机构提出申请并被受理的职务专利申请受理

项数。

23. 专利授权： 指当年由专利管理机构授予本机构专利权的职务专利项数。

24. 拥有发明专利总数： 指本单位作为专利权人在报告期内拥有的、经专利管理部门授权的有效的发明专利总数。

25. 本年新增人员： 指上年末不在册、本年末在册的本机构职工。包括本年调入人员、新参加工作的毕业生及新招聘的人员。

应届高校毕业生： 指本年毕业并进入本机构工作的高校毕业生。包括各类大专、大学、研究生院的毕业生。

26. 本年流出人员： 指本机构上年末在册、本年末不在册的职工。包括调出人员、出国人员（不含公派出国）等，不包括离退休人员。

27. 本年不在岗人员： 指本年在册但基本上没有在本机构工作的人员。包括停薪留职、长期无故旷工、出国逾期不归、机构内部调整富余人员等。

二、县以上部门属科技信息与文献机构

1. 图书、资料： 本统计表中图书、资料系指本机构已订购或入藏的印刷型文献（不含期刊）的总称。包括图书、会议录、科技报告、学位论文、工具书、专利文献、标准文献等。

2. 期刊： 在同一刊名下，定期或不定期地连续出版，按顺序编号或按年月日出版的一种连续出版物。

3. 外文原版期刊： 本统计表中外文原版期刊系指本机构已订购或入藏的外文（不含影印版）期刊。

4. 会议录： 经过整理、编辑、出版的会议论文汇编。

5. 外文会议录： 本统计表中外文会议录系指本机构已订购或入藏的外文会议论文汇编。

6. 科技报告： 描述一项科学技术研究的结果或进展，或描述一项技术研制试验和评价的结果，或描述某项科学技术问题的现状和发展的文件。

7. 缩微制品： 含有缩微影像的各种载体的统称。如缩微胶卷、缩微平片、缩微卡片等。

8. 音像制品： 要求使用专用设备阅读和（或）听声的非书型、非缩微型的各种制品的总称。包括声频制品（如唱片、录音带、盒式磁带等），视频制品（如幻灯片、透明正片等）和声频视频混合制品（如有声电影、录相片等）。

9. 电子期刊： 在同一刊名下，按顺序编号或按年月日定期或不定期地连续出版的一种机读型连续出版物。本统计表只统计本机构制作并上网的电子期刊。

10. 数据库： 在计算机存储设备上与存储、处理和检索系统相结合的相互关联数据的集合。本统计表只统计本机构已向公众提供服务的各种数据库。

11. 文献数据库： 利用计算机各类存储介质存储二次文献或一次文献的具有相同存取方式的数据集合。

12. 书目文摘型数据库： 存储文献书目信息（不含文献全文或主要部分来源信息，但含有文摘内容）的一种指示性文献数据库。它是具有逻辑结构的相互关联的文件集合。

13. 全文文献数据库： 包括文献全文或主要部分来源信息的文献数据库。

14. 数值型数据库： 含有各种数值数据的一种源数据库。它存储着用数字与某些特殊字符表示的数据。

15. 多媒体（多介质）数据库： 以数据库方式在计算机存储设备上合理存放的相互关联的多媒体信息的集合。

16. 引进国外数据库： 本机构引进国外数据库的磁带、软盘、光盘等，在计算机上建立和使用的数据库。

17. 引进国内数据库： 本机构引进国内数据库的磁带、软盘、光盘等，在计算机上建立和使用的数据库。

18. 自建数据库： 本机构收集、加工处理数据，并在计算机上建立和使用的数据库。

19. 大、中型机： 计算速度超过 100 万次 / 秒的计算机，但不包括 32 位微型机。

20. 微机： 由微处理机和半导体存储器组成的计算机。

21. 终端： 与计算机系统相连的一种输入输出设备，通常离计算机较远。终端通常连有键盘、CRT 或其他显示设备，有时连有打印机。

22. 扫描设备： 计算机各种扫描输入设备的总称。它的主要用途是为计算机提供数字化的文本、曲线和图像等。

23. 摄、录像机： 用于摄像、录像、编辑、叠加字幕等项工作的设备。

24. 自建网络： 本统计表中自建网络系指本机构自建的各种计算机网络。包括局部网络、网管中心设在本机构的广域网。

25. 对外联网： 本统计表中对外联网系指本机构有能力进入并获取信息的国内外网络（含大型检索系统，如 OCLC、DIALOG 等）。

26. 网上用户数： 自建网络的网上用户数系指外部用户访问本机构自建网络的次数；对外联网网上用户数有系指本机构有能力连接相应外部网络的计算机（含微机）台数。

注：各部分相同的指标不重复说明。

附件三 《科技统计数据集》与统计年报报表指标对照

一、自然科学和技术领域，社会、人文科学领域的研究与开发机构

经费收入总额 =

本年收入合计（FI0000）+ 基建投资实际完成额中政府资金（FB21）

科技经费筹集额 =

科技活动收入(FI1000)+ 科研基建中的政府资金(FB21)+用于科技活动的借贷款(FI1220)

政府资金 =

科技活动收入中的政府资金（FI1100）+ 科研基建中的政府资金（FB21）

经费支出总额 =

本年支出合计（FE0000）+ 基建投资实际完成额（FB00）

科技经费内部支出额 =

科技活动经费内部支出（FE1000）+ 科研基建（FB20）

购置科研仪器设备 =

设备购置费（FE1200）+ 基建投资实际完成额中购置科研仪器设备费（FB11）

二、科技信息与文献机构

经费收入总额 =

本年收入合计（FI0000）+ 基建投资实际完成额中政府资金（FB21）

科技经费筹集额 =

科技活动收入(FI1000)+ 科研基建中的政府资金(FB21)+用于科技活动的借贷款(FI1220)

政府资金 =

科技活动收入中的政府资金（FI1100）＋科研基建中的政府资金（FB21）

经费支出总额 =

本年支出合计（FE0000）＋基建投资实际完成额（FB00）

科技经费内部支出额 =

科技活动经费内部支出（FE1000）＋科研基建（FB20）

三、县属研究与开发机构

经费收入总额 =

本年收入合计（FI0000）＋基建投资实际完成额中政府资金（FB21）

科技经费筹集额 =

科技活动收入（FI1000）＋科研基建中的政府资金（FB21）＋用于科技活动的借贷款（FI1220）

政府资金 =

科技活动收入中的政府资金（FI1100）＋科研基建中的政府资金（FB21）

经费支出总额 =

本年支出合计（FE0000）＋基建投资实际完成额（FB00）

科技经费内部支出额 =

科技活动经费内部支出（FE1000）＋科研基建（FB20）